natürlich oekom!

Mit diesem Buch halten Sie ein echtes Stück Nachhaltigkeit in den Händen. Durch Ihren Kauf unterstützen Sie eine Produktion mit hohen ökologischen Ansprüchen:

o 100 % Recyclingpapier (Blauer-Engel-zertifiziert)
o mineralölfreie Druckfarben
o Verzicht auf Plastikfolie
o Kompensation aller klimaschädigenden Emissionen
o kurze Transportwege – in Deutschland gedruckt

Weitere Informationen finden Sie unter www.natürlich-oekom.de und #natürlichoekom.

ISABELLA MARIA WEISS
UNSER LAND NETZWERK

UNSER
LAND

NÄHE, MUT UND VIELFALT

REGIONALITÄT WIRKT!

Verlag
ClimatePartner.com/53585-1805-1001

Bibliografische Information der Deutschen Nationalbibliothek:
Die Deutsche Nationalbibliothek verzeichnet
diese Publikation in der Deutschen Nationalbibliografie;
detaillierte bibliografische Daten sind im Internet
über http://dnb.d-nb.de abrufbar.

Layout, Satz und Foto: .stereo.punkt. – Jan-Elias Jakob
Foto S. 29: Clara Gierig
Lektorat: Isabella-Maria Weiss
Korrektorat: Josef Mayer
Druck: Friedrich Pustet GmbH & Co. KG

RECYCLED
Papier aus
Recyclingmaterial
FSC® C014889

Geschrieben für all die mutigen Menschen,
die ihr Herzensanliegen mit ihren Händen und
auf der Zunge in die Welt tragen.

Und für diejenigen, die es werden wollen ...

INHALT

KAPITEL 3
VOM KORN ZUM BROT **36**

KAPITEL 4
REGIONALITÄT WIRKT. **92**

Regionalität ist top aktuell! In den Medien, in der Politik, in den Supermarktregalen und in unser aller Munde. In keinem Bereich wird dieses Thema so intensiv besprochen und umgesetzt wie bei den Lebensmitteln. Vor allem beim Kauf von Lebensmitteln ist die regionale Herkunft ein wichtiges Kriterium. Ein Trend, der laut zahlreicher Befragungen und Studien weiter zunehmen wird.

REGIO–NALITÄT

REGIONALITÄT

Eine einheitliche Definition des Begriffs „Region" sowie ein allgemeingültiges Rezept für die Einführung oder Wiederbelebung von Regionalität gibt es nicht. Die Ausdehnung einer Region reicht von „diese Stadt – mit oder ohne Umland" bis zu einem oder mehreren Landkreisen, einem Land oder sogar bis zu einem (fast) ganzen Kontinent. Ja, auch die Europäische Union ist eine Region! Und so variieren, wie bei den Rezepten, die Zutaten für Regionalität und deren Zubereitung in der Umsetzung.

Dennoch finden die Begriffe „regional" und „regional produziert" bei einem großen Teil der Käuferinnen und Käufer Beachtung. Und wirken! Regionalen Lebensmitteln sprechen sie eine teils deutlich bessere Qualität und Frische, einen besseren Geschmack und eine höhere Reichhaltigkeit an Nährstoffen zu. Auch wird der Kauf von regionalen Lebensmitteln häufig mit der Stärkung des entsprechenden regionalen Wirtschaftsraums verbunden. Bestätigt auch durch die Bereitschaft der Kundinnen und Kunden, für regionale Lebensmittel einen höheren Preis zu zahlen.

Zahlreiche Studien, die zum Thema Ernährung in den letzten Jahren veröffentlicht wurden, belegen diesen deutlichen Trend zur Regionalität. Für den Ernährungsreport 2018 des Bundesministeriums für Ernährung und Landwirtschaft „Deutschland, wie es isst" wurden im Oktober 2017 circa 1.000 Bundesbürgerinnen und Bundesbürger zu ihren Ess- und Einkaufsgewohnheiten befragt.

Mehr als drei Viertel von ihnen (78 Prozent) legen Wert darauf, dass ihre Lebensmittel aus der Region stammen. Bei Frauen (81 Prozent)

BEIM EINKAUF VON LEBENSMITTELN IST MIR WICHTIG:

41%

BIO

GÜTESIEGEL

57%

€

PREISWERT

78%

REGIONALITÄT

97%

GESCHMACK

hat Regionalität einen höheren Stellenwert als bei den Männern (70 Prozent), den älteren Befragten (86 Prozent bei den über 60-Jährigen) ist sie wichtiger als den Jüngeren (63 Prozent bei den 19- bis 29-Jährigen). Etwas mehr als die Hälfte der Befragten (57 Prozent) achtet beim Einkauf auf den Preis. Ebenfalls 57 Prozent der Befragten achten auf Produktinformationen wie Inhaltsstoffe und Nährwerte, etwa 41 Prozent auf die verschiedenen Siegel.

Die beliebtesten und wichtigsten Plattformen für regionale Lebensmittel – das zeigen die Studien deutlich – sind Regionalsortimente und Sonderplatzierungen im Lebensmitteleinzelhandel. Hier scheinen die Präsentationsmöglichkeiten jedoch noch lange nicht ausgeschöpft. Etikett und Verpackung stellen einen ersten „persönlichen" Kontakt her. Es lohnt sich, die Erzeuger und Verarbeiter sowie den gesamten regionalen Produktkreislauf von der Erzeugung bis hin zum Verkauf sichtbar zu machen. Die Angabe zur Herkunftsregion schafft Transparenz sowie Vertrauen und Sicherheit, vor allem unter dem Aspekt der Lebensmittelsicherheit, und um die regionale Wirtschaft zu stärken und zu fördern.

Besonders wirksam zeigt sich die Regionalität an diesen Orten bei Verkostungsaktionen. Im direkten Kontakt zwischen den Erzeugern und den Kunden fließen Informationen und fachliche Hintergründe zu Erzeugung und Verarbeitung, zu Herausforderungen und Erfolgserlebnissen. Die Menschen, die hinter den Produkten stehen, werden sichtbar und erlebbar.

Um vermehrt auch die jüngere Käuferschicht anzusprechen und zu erreichen, ist die Nutzung der modernen Kommunikationskanäle unumgänglich. Online-Medien und Social-Media-Kanäle können einen Beitrag leisten. Hier entstehen aktuell wirksame Plattformen, um das Zusammenspiel von Stadt und Region umweltschonend und sozial zu gestalten – auch am Beispiel der regionalen Lebensmittel.

IM SPANNUNGSFELD DER GLOBALISIERUNG

Unsere Welt ist heute geprägt durch die Globalisierung. Exporte in alle Kontinente sowie Importe aus allen Kontinenten sind ein deutlicher und weiter voranschreitender Trend – mit all den Vorteilen und Herausforderungen, die damit für uns Menschen und die Regionen verbunden waren, sind und sein werden.

Diese Ausrichtung auf das Globale, zum Beispiel die Auswirkungen der „von oben" gestalteten Richtlinien und Gesetze im europäischen Wirtschaftsraum, haben dazu geführt, dass über Jahrhunderte gewachsene regionale Traditionen und Strukturen unter Druck geraten sind. Sie haben sich verändert und angepasst oder sind sogar verloren gegangen. Eine Entwicklung, die anhält und sich weiter fortsetzen wird. Eine Entwicklung, die uns auffordert, gemeinsame Lösungen anzustreben, um die aktuell anstehenden Herausforderungen zu bewältigen. Lösungen, die auch für Länder und Kontinente übergreifend wirken.

Doch wirklich wirksame Lösungen können uns nur gelingen, indem wir die Regionen erhalten und ihnen gegenüber der globalen Welt einen Platz auf Augenhöhe gewähren. Indem wir ihnen einen Raum für Entfaltung, Entwicklung und Einflussnahme zur Verfügung stellen, ihre Vielfalt schützen und ihre Potenziale wertschätzen. So kann Regionalität, neben dem wichtigen Gegentrend zur Globalisierung, auch einen erfrischenden Rückenwind für die Lösung der globalen Herausforderungen bringen. Denn Regionalität prägt heute alle gesellschaftlichen Bereiche und ist ein wirkungsvoller Handlungs- und Gestaltungsraum für Menschen, die zunehmend bereit sind wieder Verantwortung zu übernehmen und Werte zu leben. Mit Regionalität lebt die Verantwortung dort wieder auf, wo sie hingehört – bei den Menschen vor Ort.

EIN MARKT FÜR SINN

Das Voranschreiten der Globalisierung in den letzten Jahrzehnten hat bei uns Menschen zu einer wachsenden Entfremdung von der Region und zu einem Mangel an Lebenssinn geführt.

Dies zeigt sich – noch – im stetig wachsenden Umsatz von Konsumgütern, die unserem Leben an sich und der eigenen Existenz Sinn und Identifikation verleihen sollen. Andererseits zeigt sich ein wachsender Überdruss diesen materiellen Dingen gegenüber.

Die Ausrichtung der Märkte wird sich deshalb in den nächsten Jahren deutlich wandeln – müssen! Von reinen Versorgungsmärkten zu Märkten, in deren Mittelpunkt wieder Lebensqualität, Werte und Sinn stehen.

Dieser Wandel hat bereits begonnen. Die positiven Auswirkungen zeigen bereits ihren Einfluss auf unser Leben. Auch wenn die Herausforderungen der dafür unvermeidbaren globalen wirtschaftlichen und strukturellen Veränderungen noch im Vordergrund stehen.

„Es wäre blauäugig und zu kurzfristig gedacht, wenn wir angesichts der globalen Krise glaubten, es würde in Zukunft nur noch der Preis regieren. Mitnichten, es geht mehr denn je um Werte."
Trendforscher Dr. Eike Wenzel

Die zunehmende Bewusstwerdung dieser Neuausrichtung hat einen gesellschaftlichen Wertewandel mit einem sichtbar veränderten Konsumverhalten eingeleitet. Nachhaltigkeit und Downsizing – „kürzer treten" oder „weniger ist mehr" – lassen die Nachfrage nach Produkten und Dienstleistungen mit Qualität und Werthaltigkeit steigen – verbunden mit der Frage nach dem Warum und dem Sinn. Bereits befreit von der Herrschaft des Preises.

Sinnmärkten gehört die Zukunft. Gestaltet von Produkten und Dienstleistungen, die in ihrem Dasein, Nutzen und Wert weit über einen einfachen Gebrauchswert hinausgehen. Güter, die für uns etwas Wertvolles darstellen, die uns Werthaltigkeit nicht nur versprechen, sondern auch bieten, und die eine zukunftsführende Orientierung, Richtung und Perspektive geben. Produkte und Dienstleistungen, die uns wieder mit den Menschen und dem Leben an sich, mit Tradition und Verantwortung in Verbindung bringen. Die unsere Handlungs- und Gestaltungskraft wiederbeleben – auch über das Alltägliche hinaus.

„Regionale Lebensmittel, die Sinnmärkte des Nahen, Guten und Vertrauten."
Trendforscher Dr. Eike Wenzel

REGIONALITÄT IST INDIVIDUELL

Regionalität begeistert! Viele von uns sind der Meinung, und zahlreiche Beispiele belegen es auch, dass Erzeugnisse aus der Region deutlich besser und umweltfreundlicher sind als Importe und einen fördernden Einfluss nehmen auf die Entwicklung der Region.

Doch Regionalität kann auch täuschen! Jenseits fehlender allgemeingültiger Definitionen, was eine Region und ein regionales Erzeugnis wirklich sind, und ohne unser genaues Hinschauen und konkretes Hinterfragen sind die erwarteten Wirkungen von Regionalität oft nicht gegeben. Die Tür zur Verbrauchertäuschung steht häufig sogar weit offen. Auch das lässt sich mit zahlreichen Beispielen belegen.

Die große Herausforderung für klare Definitionen: Regionalität ist individuell. Was eine Region und regional ist, liegt im Auge des Betrachters und variiert, je nach persönlichem Standpunkt, Blickwinkel und Lebenshintergrund. Dabei nehmen vor allem die persönlichen emotionalen Einschätzungen Einfluss. Kauf und

Nutzen von Regionalität können so auch zu einem Werkzeug im eigenen Leben werden, um sich die Welt, in der wir gerade leben, schöner und heiler zu gestalten als sie wirklich ist.

Tatsache ist: Ohne das Heranziehen aller bekannten Aspekte und ohne das genaue Studium von Zahlen, Daten und Fakten können die Wirkungen von Regionalität in unserer heute so komplexen Welt nicht gesehen und besprochen werden. Das ist nicht allein Aufgabe und Verantwortung derjenigen, die ein regionales Produkt erzeugen oder eine regionale Dienstleistung anbieten. Dabei übernehmen auch die Kundinnen und Kunden eine entscheidende Rolle.

Ja, Regionalität ist ein komplexes und vielschichtiges Thema. Regionalität fordert Interesse und Auseinandersetzung. Sowohl für all ihre Variationen, für die Akteure und ihre Botschaft wie auch für die Entscheidungen und das Konsumverhalten im eigenen Leben. Was ist die Motivation hinter einer getroffenen Kaufentscheidung? Nach welchen Kriterien wurde die Auswahl getroffen? Was soll oder kann dadurch bewirkt werden?

Ganz nebenbei bietet Regionalität heute die Chance, das eigene Leben im Spiegel zu betrachten. Regionalität schenkt die Gelegenheit, das Leben in all seinen Facetten und in allen Bereichen wirksam und zukunftsführend zu hinterfragen. Sie nimmt Einfluss auf Entscheidungen und Handeln und schafft neue Handlungs- und Gestaltungsräume.

REGIONALITÄT SCHMECKT UND WIRKT. ES IST DIE GESCHICHTE VON UNSER LAND, DIE ES UNS ZEIGT …

Den Anfang machte das Brot. Kurz nach der Gründung der Solidargemeinschaft BRUCKER LAND e.V. wurde das BRUCKER LAND Brot im September 1994 der Öffentlichkeit vorgestellt. Das Ziel des Vereins – „Die Lebensgrundlagen für Menschen, Tiere und Pflanzen erhalten" – und die damit verbundenen Ideen wurden interessiert und aktiv aufgenommen. Bald folgten dem BRUCKER LAND Brot weitere Lebensmittel. Heute sind es saisonal schwankend zwischen 100 bis 120 Lebensmittel von über 300 Erzeugerbetrieben in elf Landkreisen rund um München, in München und Augsburg.

EINE GESCHICHTE ÜBER NÄHE, MUT UND VIELFALT

2

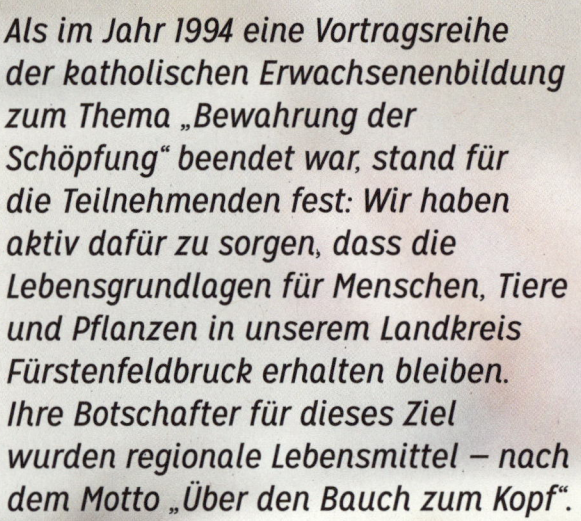

Als im Jahr 1994 eine Vortragsreihe der katholischen Erwachsenenbildung zum Thema „Bewahrung der Schöpfung" beendet war, stand für die Teilnehmenden fest: Wir haben aktiv dafür zu sorgen, dass die Lebensgrundlagen für Menschen, Tiere und Pflanzen in unserem Landkreis Fürstenfeldbruck erhalten bleiben. Ihre Botschafter für dieses Ziel wurden regionale Lebensmittel – nach dem Motto „Über den Bauch zum Kopf".

ÜBER DEN BAUCH ZUM KOPF

DIE UNSER LAND IDEE

Die Gründungsmitglieder waren überzeugt: Um ihr Anliegen und das Thema Regionalität in ihrem Landkreis erfolgreich wiederzubeleben, hatten sie es klar und deutlich zu definieren.

Sie hatten strenge eigene Richtlinien und deren Kontrollen zu formulieren. Und das für eine Vielzahl an Maßnahmen, die alle schon für sich allein etwas bewirken, doch erst zusammen ihre Stärke für Veränderungen entfalten.

Diese Maßnahmen waren

- der Schutz der biologischen und regionalen Vielfalt,
- der Aufbau regionaler Kreisläufe,
- Umweltverträglichkeit und Nachhaltigkeit,
- der Erhalt der bäuerlichen Landwirtschaft und gentechnikfreie Erzeugung,
- Transparenz bei Erzeugung und Verarbeitung,
- Klimaschutz durch kurze Wege,
- die Sicherung von Arbeits- und Ausbildungsplätzen sowie
- die Sicherung von Existenzen durch faire Preise.

FÜNF SÄULEN UND EIN DACH

Ein Haus mit festem Fundament und einem Dach, getragen von fünf starken Säulen — dieses Modell wurde von den Gründerinnen und Gründern ganz bewusst für den Aufbau der Solidargemeinschaft gewählt.

Damals wie heute repräsentieren diese fünf Säulen engagierte Menschen aus den Bereichen Landwirtschaft, Handwerk/Handel, Verbraucher, Umwelt- und Naturschutz sowie der Kirche, die durch ihr freiwilliges Engagement helfen, die Region zu stärken und ihre kostbare Vielfalt zu erhalten.

Jede der fünf Gruppierungen agiert vor ihrem eigenen Hintergrund, vertritt ihre Standpunkte und Sichtweisen sowie ihre Interessen und Bedürfnisse, die es zu hören und zu berücksichtigen gilt.

Die UNSER LAND Idee lebt von dieser Kommunikation und dem daraus sich entwickelnden gemeinsamen Tun. Die fünf Gruppierungen repräsentieren eine breite Basis der Bevölkerung und gestalten Hand in Hand durch ihre verschiedenen Erfahrungen, Potenziale und Anregungen.

Es war und ist dieser stete Austausch, durch den sich diese Idee und ihr Anliegen so nachhaltig entwickeln konnte.

Solidargemeinschaft

Landwirtschaft

Handwerk/Handel

Verbraucher

Kirchen

Umwelt-/Naturschutz

Dieses Fundament und die sich daraus ergebende Vielfalt fließen sowohl in die regionalen Lebensmittel wie auch in die umfassenden Verbraucherinformationen und Projektarbeiten ein. Durch diese wurde und wird die Idee mit einem umfangreichen Angebot an die Menschen in der Region weitergegeben:

- Projekte für alle Altersgruppen
- Bildungs- und Öffentlichkeitsarbeit
- Information der Verbraucherinnen und Verbraucher bei Veranstaltungen
- Beteiligung bei der Erstellung von Richtlinien und Kontrollen für die Lebensmittel
- Beweggründe für einen bewussten Einkauf
- Mitgestaltung des eigenen Lebensumfelds
- und vieles mehr ...

AUS DER IDEE WIRD EIN NETZWERK

Was im Jahr 1994 im Landkreis Fürstenfeldbruck begann, wurde schon einige Jahre später nach und nach von zehn weiteren Landkreisen sowie den Städten München und Augsburg übernommen.

Von Augsburg bis ins Werdenfelser Land, von Landsberg bis Ebersberg gründeten sich weitere neun Solidargemeinschaften und vereinten sich im Jahr 2000 zum Netzwerk UNSER LAND. Mit dem Blick und Schwerpunkt auf dem eigenen Landkreis setzten sich die Mitglieder dafür ein, die wertvolle Vielfalt ihrer Region zu bewahren. Doch jetzt auch bereichert und unterstützt durch die Erfahrungen, Anregungen und Lösungen aus den anderen Landkreisen.

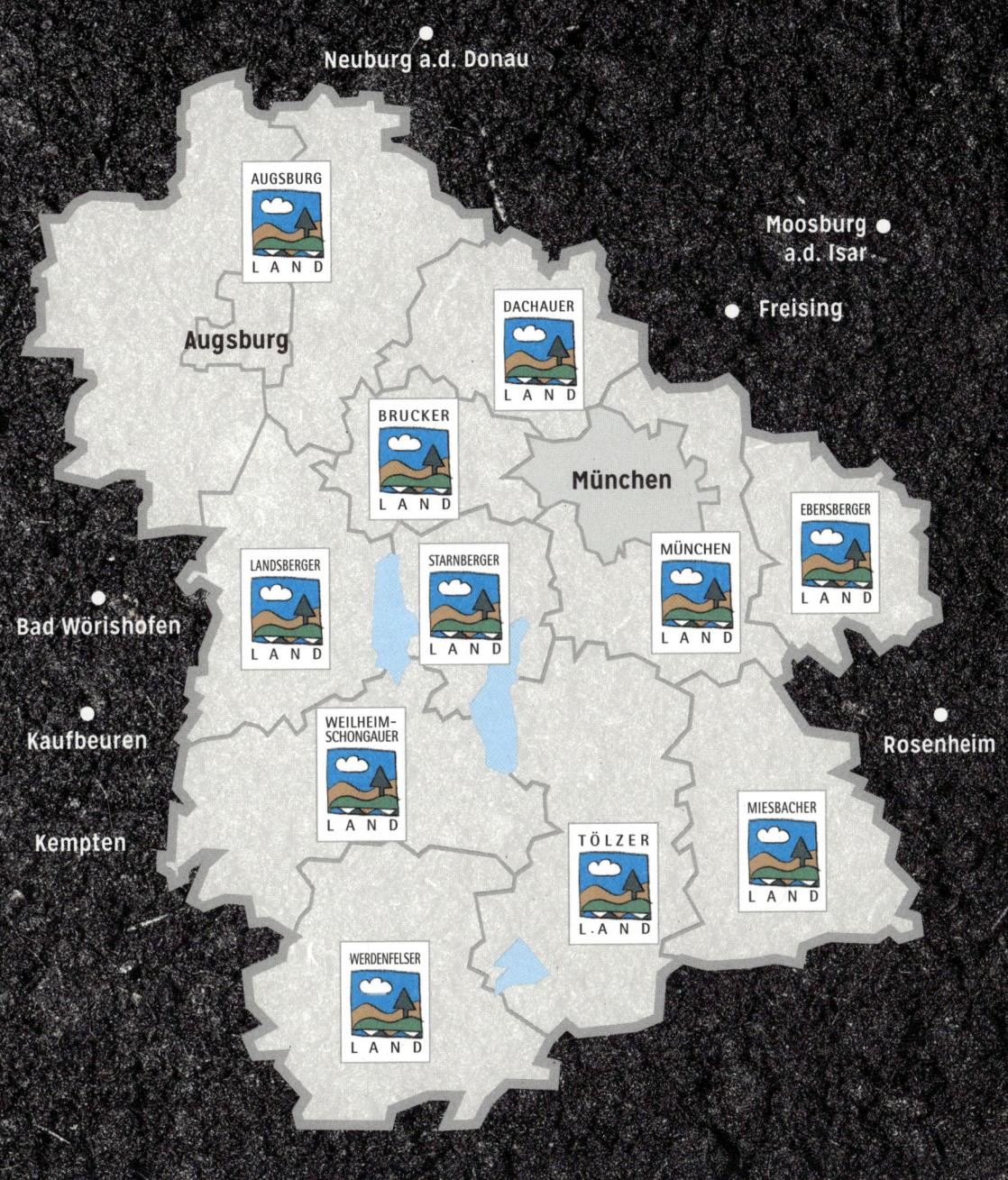

Neuburg a.d. Donau

AUGSBURG
LAND

Augsburg

DACHAUER
LAND

Moosburg
a.d. Isar

Freising

BRUCKER
LAND

München

EBERSBERGER
LAND

LANDSBERGER
LAND

STARNBERGER
LAND

MÜNCHEN
LAND

Bad Wörishofen

Kaufbeuren

Rosenheim

WEILHEIM-
SCHONGAUER
LAND

Kempten

MIESBACHER
LAND

TÖLZER
L.AND

WERDENFELSER
LAND

Eine Besonderheit des Netzwerks UNSER LAND ist seine duale Struktur. Auf der einen Seite, der ideellen Seite, wirkt der UNSER LAND Dachverein mit heute zehn Solidargemeinschaften. Informations- und Öffentlichkeitsarbeit sowie die Durchführung von Projekten, die das Vereinsziel fördern und repräsentieren, sind die Hauptaufgabe seiner ehrenamtlichen Mitglieder.

IDEELL - Informations- und Öffentlichkeitsarbeit

DIE UNSER LAND IDEE

WIRTSCHAFTLICH - Vermarktung regionaler Lebensmittel

Auf der anderen Seite, der wirtschaftlichen Seite, steht die UNSER LAND GmbH. Sie ist verantwortlich für die Produkte, Finanzen, Marketing und Logistik. Sie koordiniert auch das Zusammenspiel von Landwirtschaft, Handwerk und Handel bis hin zu den Verbraucherinnen und Verbrauchern. Mit dieser Vermarktungsgesellschaft wurden viele hauptamtliche Arbeitsplätze geschaffen – auch sie alle im Dienst des Vereinsziels.

Dieses gemeinsame Handeln, unabhängig von Geschlecht und Alter, den beruflichen Qualifikationen und Ansichten, hat Wirkung gezeigt und ganz wesentlich zum Erfolg des Netzwerkes beigetragen.

Gewinner sind alle! Wenn die unterschiedlichen Bedürfnisse und Lebenswelten von Menschen, Tieren und Pflanzen achtsam und respektvoll gepflegt werden, kann sich ein lebenswertes Umfeld für alle Beteiligten entwickeln.

EIN LANDKREIS NÄHER BETRACHTET

Ende der 1990er-Jahre starteten im Landkreis Weilheim-Schongau die ersten Aktivitäten zur Gründung einer Solidargemeinschaft. Der damalige Leiter des Amtes für Landwirtschaft nutzte seine umfangreiche Vernetzung im Landkreis Weilheim-Schongau, um die Menschen sowohl für das Thema Regionalität wie auch für das „Modell BRUCKER LAND" zu gewinnen.

Erste Interessengruppen bildeten sich. Zunächst eine Säule Kirche, gefolgt von den Säulen Landwirtschaft, Umwelt- und Naturschutz, Handwerk und Handel bis hin zu den Verbraucherinnen und Verbrauchern.

Vertreter der Solidargemeinschaft BRUCKER LAND e.V. waren regelmäßig für die Treffen als Referenten geladen und erklärten die Struktur: von der Vereinsgründung über die Satzung und das

Leitbild bis zu den Richtlinien. Doch anders als im BRUCKER LAND sollte hier im Landkreis mit dem Leitprodukt Fleisch gestartet werden.

Im Landkreis Weilheim-Schongau dominieren die Grünland-bewirtschaftung und Milchviehhaltung. Die Haupteinnahmequellen sind der Verkauf von Milch, Kälbern und Schlachtvieh. Und so gingen damals die Vertreter aus der Landwirtschaft, die Viehbauern, mit den Verarbeitern, den Metzgern, ins Gespräch. Um parallel auch die Richtlinien zu erarbeiten, sprachen die Viehbauern mit den Vertreterinnen und Vertretern aus dem Umwelt- und Naturschutz. Die Bereitschaft, eine Initiative nach dem Vorbild BRUCKER LAND zu gründen, war zunächst auf allen Seiten gegeben.

Doch trotz aller Bereitschaft kristallisierte sich im Laufe der Gespräche eine wesentliche Hürde heraus: das Geld! Rund um das Thema faire Preise entbrannten heftige Auseinandersetzungen. Die strengen Richtlinien zur Haltung der Tiere machten das Fleisch teurer. Damals war es für die verarbeitenden Metzger noch kaum vorstellbar, dass Verbraucherinnen und Verbraucher bereit sein würden, für regionales Fleisch deutlich höhere Preise zu zahlen. Und es war für sie kaum vorstellbar, dass sich Käuferinnen und Käufer mit den komplizierten Sachverhalten dieses regionalen Erzeugnisses befassen, um die höheren Preise zu verstehen und durch den Kauf auch zu akzeptieren.

Die Bereitschaft, für die Umsetzung einer neuen Idee miteinander ins Gespräch zu gehen, ließ bei näherer Betrachtung eine Vielfalt an Herausforderungen und Meinungen sichtbar und wirksam werden.

Die Säule Kirche übernahm die Aufgabe, immer wieder Räume zu schaffen, um miteinander im Gespräch zu bleiben und kontinuierlich Vorurteile abzubauen. Doch vergebens: Die Gespräche für das „Leitprodukt" Fleisch scheiterten.

AUFGEBEN KAM NICHT INFRAGE

Mit Mut, all den erlebten Erfahrungen, dem erarbeiteten Wissen und den geknüpften menschlichen Verbindungen ging es in eine zweite Runde. Diesmal mit den Getreidelandwirten, den Innungs-Bäckern und einer Mühle. Und so wurde auch im Landkreis Weilheim-Schongau das Brot zum Leitprodukt der Idee.

Nach der Gründung der WEILHEIM-SCHONGAUER LAND Solidargemeinschaft im März 2000 wurde bereits ein halbes Jahr später, am 26. Oktober, in der Stadthalle Weilheim das erste Lebensmittel, das WEILHEIM-SCHONGAUER LAND Brot, der Presse und Öffentlichkeit vorgestellt. Zwei Landwirte, eine Mühle und neun Innungs-Bäcker aus dem Landkreis hatten sich für das Wiederaufleben eines traditionellen regionalen Wertschöpfungskreislaufes zusammengefunden.

Über viele Wochen und Monate war in zahlreichen intensiven, oft auch kontrovers geführten Gesprächen auf diesen Moment hingearbeitet worden. Auch wenn den Beteiligten bewusst war, dass nicht alle Verbraucherinnen und Verbraucher mit dem Thema regionale Vermarktung erreicht werden könnten, war dieser mutige Moment mit großen Hoffnungen für das übergeordnete Ziel verbunden.

Foto: © Clara Gierig

Die Zeit ist reif: Hubert Pentenrieder will bald seinen Weizen ernten – für das erste Regional-Brot. gie

Mit der regionalen Vermarktung könnte die gesamte Region, vor allem die durch die Globalisierung angeschlagene Landwirtschaft und das Handwerk gestärkt werden. Es bestand auch die Chance, die ebenfalls durch die Globalisierung bedrohten sozialen Strukturen, und die für den Tourismus so wichtige Kulturlandschaft, zu erhalten. Es erschien möglich, mit den regionalen Erzeugnissen eine sozial und ökologisch verträgliche Alternative zum gnadenlosen Verdrängungswettbewerb zu schaffen und der Globalisierungs-Devise „Wachsen oder Weichen", die kaum Rücksicht auf Mensch und Natur nahm und nimmt, die Regionalität wirksam gegenüberzustellen.

Im Landkreis Bewährtes und Bestehendes könnte weiter sinnvoll miteinander agieren oder wiederbelebt werden. Zu guter Letzt wären die neuen regionalen Erzeugnisse sinnvolle Werkzeuge, um dem gängigen Trend der Vereinheitlichung des Warenangebotes entgegenzuwirken.

DIE IDEE TRÄGT FRÜCHTE

Das Thema war neu und wurde sowohl von der Presse wie auch von den Verbraucherinnen und Verbrauchern wohlwollend aufgenommen. Die Bäcker verkauften das Brot in ihren Läden und die Mitglieder der Solidargemeinschaft informierten dort die Kundinnen und Kunden über das Ziel des Vereins: Die Lebensgrundlagen der Menschen, Tiere und Pflanzen in der Region zu stärken und zu erhalten.

In diesen Gesprächen kristallisierte sich ein wesentliches Thema heraus und wurde zum Dreh- und Angelpunkt der Argumentation: Der höhere Preis für ein Brot aus der Region! Mehr Geld für ein Erzeugnis mit kurzen Wegen! Ein Thema, das bereits während der Vorbereitung der Gründung zur Zerreißprobe geworden war.

Zurückblickend ist klar und deutlich zu sagen: Das Engagement der vielen ehrenamtlichen Akteurinnen und Akteure und all der erzeugenden und verarbeitenden Betriebe von WEILHEIMSCHONGAUER LAND hat sich gelohnt. Regionalität ist heute im Landkreis bestplatziert!

Viele Fairtrade-Gemeinden vernetzen sich heute selbstverständlich mit Vertreterinnen und Vertretern aus dem Bereich der Regionalität, denn der faire Preis eines Lebensmittels ist ein gemeinsames Anliegen. Auch die Vernetzung zwischen unterschiedlichen regional agierenden Initiativen – wie zum Beispiel Slowfood – ist heute an der Tagesordnung. Gemeinsame Aktionen mit gegenseitiger Unterstützung und Arbeitsteilung schaffen eine Ausdehnung der Kontaktkreise und erzielen eine größere und vielfältigere Wirkung der eigenen Ziele.

REGIONALE BROTKULTUR

Kaum ein Lebensmittel wird so sehr mit Heimat und Ursprünglichkeit, mit Handwerk und Qualität sowie mit Genuss und dem Leben an sich in Verbindung gebracht, wie das Brot. Kein anderes Lebensmittel inspirierte und inspiriert seine Kreateure zu einer solchen Vielfalt.

Circa 3.200 Brotsorten sind im Brotregister des Zentralverbandes des deutschen Bäckerhandwerks registriert. Sie sind genussvoller Ausdruck von gelebter Vielfalt in der deutschen Handwerkskunst. Viele dieser Brote sind eng mit einer Region verbunden, was häufig in der Namensgebung Ausdruck findet.

Das WEILHEIM-SCHONGAUER LAND Brot ist eine besondere Spezialität. Mit diesem Brot ist es gelungen, einen traditionellen regionalen Kreislauf wieder aufleben zu lassen, der über die letzten Jahrzehnte – nicht nur in Deutschland – weitgehend verloren ging: der Wertschöpfungskreislauf für das Bäckerhandwerk und sein Parade-Erzeugnis – das Brot. Ein klassischer Handwerkskreislauf, der durch die wachsende Auseinandersetzung mit der Globalisierung unter Druck geriet und weitgehend auf der Strecke blieb – im Kampf um den günstigeren Preis und damit im Kampf um den Kunden.

Für ein WEILHEIM-SCHONGAUER LAND Brot werden Getreide und Mehl durchschnittlich nur siebzig Kilometer transportiert: von den Feldern der Landwirte zur Mühle, von dort in die Backstube und dann zu den Kundinnen und Kunden. Auf seinem täglichen Weg in die Backstube passiert der Bäckermeister die Felder, auf denen das Getreide für dieses Brot wächst. Und mit dem Müller bespricht er persönlich Ausmahlgrad und Mehltype. So leisten traditionelle Handwerkskunst und natürlicher Genuss – ausschließlich aus einer Region – einen aktiven Beitrag für den Erhalt der Lebensgrundlagen von Menschen, Tieren und Pflanzen.

EIN TRADITIONELLER REGIONALER BROTKREISLAUF – KURZE WEGE ZWISCHEN ALLEN GEWERKEN UND DURCHGÄNGIGE LIEFERTOUREN OHNE GROSSE UMWEGE.

Geltendorf

Germering

471

96

Landsberg a. Lech

96

Inning

17

Schondorf

Weßling

17

95

Utting

Ammersee

Herrsching

Söcking

Starnberg

Lech

Andechs

Dießen

Pöcking

11

Fischen

Wolfrathshausen

Pähl
(Backstube)

Starnberger See

95

Wielenbach

Geretsried

17

Weilheim o.B.

Bernried

Schongau

11

Hohenpeißenberg

472

472

2

472

472

Sindelsdorf

17

472

Staffelsee

23

2

Riegsee

95

Murnau

Kochelsee

Unterammergau

Oberammergau

Walchensee

23

5km

Backstube	Verkauf
Mühle	**Landwirt**

Hubert & Dominik
Pentenrieder

*Landwirte aus Fischen
am Ammersee*

Georg
Lampl

Landwirt aus Wilzhofen

Martin
Sonner

*Müller der
Offmühle in Sindelsdorf*

UNSERE AKTEURE

Julian Kasprowicz

Bäckermeister und
Inhaber der Bäckerei Konditorei
Kasprowicz in Pähl

Landwirt Hubert Pentenrieder war Akteur der allerersten Stunde im WEILHEIM-SCHONGAUER LAND. Heute führt er seinen Hof gemeinsam mit Sohn Dominik. Landwirt Georg Lampl kam ein Jahr nach der Gründung zum Netzwerk. Der Vater von Bäckermeister Julian Kasprowicz, Fritz Kasprowicz, war zunächst im Nachbarlandkreis Starnberg bei STARNBERGER LAND aktiv und wechselte mit dem Umzug seiner Backstube zu WEILHEIM-SCHONGAUER LAND. Seit 2010 führt Sohn Julian Kasprowicz die Gutsbäckerei. Müller Martin Sonner kooperiert mit dem Netzwerk seit dem Jahr 2009.

Begleiten Sie die Akteure auf die Felder, in die Mühle und in die Backstube und entdecken Sie gelebte Regionalität. Mit all ihren großen und kleinen, täglichen und einzigartigen Herausforderungen und all den gelungenen Momenten, wie sie sich im Verlauf eines regionalen Wertschöpfungskreislaufs zeigen. Lassen Sie sich einladen zu einer regionalen Genussreise – für Augen und Mund und vom Bauch über den Kopf ins Herz.

VOM KORN ZUM BROT

3

Unser Rezept

DIE ZUTATEN

Landwirte
- ♥ reich an Wissen und Erfahrung,
- ♥ mit der besten Kenntnis ihrer Böden und
- ♥ viel Fingerspitzengefühl und Intuition

Ackerböden – durch Fruchtfolge gut vorbereitet

Getreidesorten – geeignet für Klima und Bodenbeschaffenheit

Sämaschine, Striegel, Düngerstreuer und **Drescher**

eine gehörige Portion **Segen von oben**

Aussaat an Getreide mit Liebe

1. **Die Vorbereitungszeit:** circa zwei bis vier Wochen – Von der Ernte der Vorfrucht bis zur Aussaat wird die Ackerfläche ein- bis zweimal gegrubbert und geackert (je nach Vorfrucht und Wetter)

2. **Die Ruhezeit:** circa 5 Monate – über den gesamten Winter

3. **Die Backzeit:** von März bis Juli

4. **Die Nährwerte:** Eine möglichst vielfältige Fruchtfolge, auch mit Blühflächen als Zwischenfrüchten, und die eher kleinflächigen Strukturen

   - ♥ fördern die Bodenqualität,
   - ♥ bieten den Bienen und allen bestäubenden Insekten Nahrung,
   - ♥ dienen dem Klima,
   - ♥ erhalten die ursprüngliche Kulturlandschaft und
   - ♥ gestalten unseren Lebensraum abwechslungsreich und lebenswert

5. Und so gelingt's!

VON DER AUSSAAT ZUR ERNTE

Es ist ein strahlendblauer Oktobertag. Ein Landwirt bearbeitet mit der Sämaschine seinen Acker in der Nähe von Wilzhofen und bringt das Saatgut aus. Der Ackerboden hat eine gute Struktur, ist nicht zu feucht und nicht zu trocken. Es ist ein bedeutender Arbeitsvorgang, denn mit der Aussaat auf dem Feld entscheidet sich bereits wesentlich das Ergebnis der Ernte. Auch für Mühle und Backstube.

WIE DIE AUSSAAT, SO DIE ERNTE

Die drei Landwirte sind sich einig: „Jeder Landwirt muss seine eigenen Flächen bestens kennen. Nur mit diesem Wissen und unserer Erfahrung haben wir das erforderliche Fingerspitzengefühl, um im Verlauf eines Jahres die richtigen Entscheidungen für eine gute Ernte zu treffen. Das ist auch der Grund, weshalb wir eine lange und intensive Ausbildung zu absolvieren haben." Drei Jahre Ausbildung, dann weitere zwei Jahre Landwirtschaftsschule oder Fachschule mit Meisterprüfung.

Für die Auswahl der Getreidesorte sind die Beschaffenheit des Bodens und die klimatischen Gegebenheiten von entscheidender Bedeutung. Georg Lampl weiß: „Für den kontrollierten Anbau brauche ich eine widerstandsfähige Sorte. Denn alles, was ich im kontrollierten Anbau zur Unkraut- und Schädlingsbekämpfung nicht machen darf, kann im Laufe des Jahres zu einer großen Herausforderung werden." Der Roggen ist gegenüber den Un- und Beikräutern weniger problematisch wie der Weizen, denn er macht im ersten Aufwuchs am Boden schneller dicht. Dadurch haben Un- und Beikräuter geringere Chancen sich anzusiedeln und auszubreiten als beim Weizen.

Kontrollierter Anbau bedeutet eine verhaltende Düngung nach der Bodenuntersuchung, die Einhaltung einer dreigliedrigen Fruchtfolge und den Verzicht auf chemischen Pflanzenschutz sowie auf Wachstumsregulatoren. Dazu kommt ein höherer Zeitaufwand für die Bestandspflege und die Bearbeitung. In den Anfängen der ökologischen Landwirtschaft in den 1970er- und 1980er-Jahren war der kontrollierte Anbau ein erster wesentlicher Schritt vom konventionellen zum ökologischen Anbau. Heute wird der kontrollierte Anbau in Bayern kaum noch angewendet. Nur das regionale Netzwerk UNSER LAND hat diese Form des Getreideanbaus – neben dem ökologischen Anbau – bewahrt.

Zum Aussäen zieht Dominik Pentenrieder mit dem Traktor und der Sämaschine seine Bahnen. Dabei wird der Boden vor dem Traktor mit dem Frontpacker gleichmäßig eingeebnet und rückverfestigt. So wird ein Saathorizont gewährleistet, der dem Saatgut einen gleichmäßigen Anschluss an die Bodenfeuchtigkeit sichert.

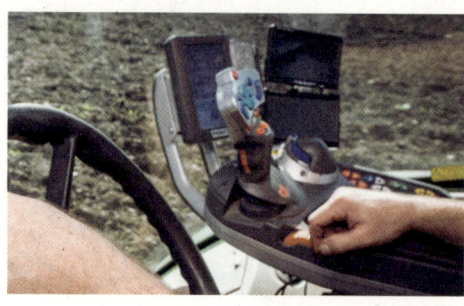

Die gesamte Aussaat wird heute über den Bordcomputer gesteuert. Die Saatstärke (Roggen 200 bis 250 Körner/qm, Weizen ca. 400 Körner/qm) kann variieren und wird zunächst in der Abdreh-Probe auf einer Teilfläche simuliert. Diese Probe wird vom Landwirt abgewogen, bei Bedarf entsprechend korrigiert und dann in den Computer übernommen.

Das Säschar zieht die Furche für das Saatgut und bereitet sie vor. Mit Luft wird das Saatgut in diese Furche eingeblasen (pro Säschar ein Schlauch). Je nach Bodenstruktur ist die Saattiefe über den Schardruck regulierbar: beim Roggen maximal 2 cm, beim Weizen 3 bis 4 cm. Die Saatbreite ist über das Säschar bereits vorgegeben. Im Anschluss räumt der Striegel nach der Sämaschine die Furche zu. Direkt nach der Aussaat oder einige Tage später – je nach Wetter und Bodenstruktur – wird mit der Cambridge-Walze rückverfestigt.

Circa alle neun bis fünfzehn Meter fährt der Traktor bei der Aussaat eine Spezialfahrt. Mit diesen Spezialfahrten werden die Fahrstraßen vorbereitet und eingerichtet, die mit den Folgegeräten Striegel und Düngerstreuer genutzt werden. Der Computer zählt dabei genau mit und entlässt durch die entsprechenden Saatkanäle kein Saatgut.

Ästhetik ist auch Landwirten sehr wichtig. Sie achten sehr darauf, den Acker beim Säen so gerade wie möglich zu bearbeiten. Erst im nächsten Jahr, wenn die Saat aufgegangen ist, wird sichtbar, ob es ihnen gelungen ist. Hubert Pentenrieder schmunzelt: „Fehler sind dann nicht mehr korrigierbar. Sind viele Kurven und Schlenker auf einem Acker, dann interessiert es uns schon, welcher Kollege da gefahren ist."

Doch auch hier unterstützt heute häufig die Technik. In vielen Traktoren steuert der Bordcomputer mit GPS-Navigation die Genauigkeit der Fahrstraßen. Und für die Landwirte gibt es leider weniger zum Schmunzeln ...

DIE SAAT
IST AUFGEGANGEN

Mitte April, nach einem langen Winter, treffen sich die Landwirte wieder auf dem Roggenfeld. Diesmal auch mit Bäckermeister Julian Kasprowicz.

Die räumliche Nähe zwischen seiner Backstube und den Feldern der Landwirte macht es möglich, dass er sein Interesse für das Getreide und dessen Anbau auf eine sehr persönliche Art und Weise zeigen kann. Er weiß: „Diesen Roggen werde ich ab Herbst in meiner Backstube zu WEILHEIM-SCHONGAUER LAND Broten verbacken." Früher war diese enge Verbindung im Kreislauf vom Korn zum Brot eine Selbstverständlichkeit. Heute ist es Rarität. Doch im Zuge der regionalen Entwicklungen ist der räumliche Bezug durchaus wieder im Kommen.

Zur Einführung lässt sich Julian Kasprowicz von Georg Lampl die Eintragungen auf der Feld- oder Ackerschlagkarte erklären. Alle Maßnahmen der Bodenbearbeitung

sowie Düngung und Pflanzenschutz werden hier von der Aussaat bis zur Ernte von ihm dokumentiert. Für den Landwirt entsteht so eine Art Archiv. Er sammelt Erfahrungswerte, die über Jahre Rückschlüsse ermöglichen. Diese Aufzeichnungen stehen auch dem Prüf-Team des Landwirtschaftsamtes zur Verfügung.

15 bis 20 Zentimeter ist die Aussaat inzwischen aufgegangen. In dieser ersten Wachstumsphase des Getreides, der Bestockung, sind mehrere Triebe aus einem Saatkorn gewachsen. Beim genauen Hinsehen ist das Saatkorn sogar noch sichtbar. Jetzt ist es Zeit für die erste Bodenbearbeitung. Im kontrollierten Anbau ist nur eine verhaltene Bestandsführung erlaubt, um den Krankheitsdruck zu reduzieren. Das Striegeln ist dafür die geeignete Maßnahme. Eine Unkrautregulierung, keine Unkrautbekämpfung. Der Striegel löst die Un- und Beikräuter aus dem Boden und regt dabei die Bestockung des Getreides weiter an. So erhält das Getreide einen Wachstumsschub und macht den Boden dicht, bevor sich neue Un- und Beikräuter ansiedeln können.

Diese Phase ist für den kontrollierten Anbau die erste Herausforderung. Kommt es trotz Striegeln zu einer starken Verunkrautung, kann der Landwirt nicht weiter eingreifen. „Rettet" er mit chemischen Spritzmitteln den Bestand, verliert er den Acker für den kontrollierten Anbau.

In der zweiten Wachstumsphase, dem Schossen, wächst das Getreide in die Höhe. Da im kontrollierten Anbau keine Wachstumsregulatoren ausgebracht werden dürfen, wächst das Getreide wirklich in die Höhe. Im konventionellen Getreideanbau verkürzen heute Wachstumsregulatoren den Abstand zwischen den stabilisierenden Knoten in der Zellwand der Halme. Deshalb sehen wir nur noch selten ein wogendes Getreidefeld. Durch die Wachstumsregulatoren kann zwar ein totales Lager – flach gelegte Halme auf der gesamten Ackerfläche, zum Beispiel nach Sturm oder Starkregen – verhindert werden. Dennoch sind sie ein wesentlicher chemischer Eingriff in die Natur.

ALLE KRAFT GEHT JETZT INS KORN

Es ist Juni geworden. Auf dem Feld von Hubert Pentenrieder nahe Fischen ist der Weizen inzwischen hochgewachsen und blüht. Die Blütenphase hat nach dem Ährenschieben begonnen. Der Ährenansatz ist sichtbar und die Kornfüllung beginnt. Alle Kraft der Pflanze geht jetzt ins Korn.

Im kontrollierten Anbau ist die Blütenphase die zweite Herausforderung. Zu viel Regen kann jetzt zu Pilzbefall führen, gegen den der Landwirt nicht eingreifen darf. Auch diesmal gilt: „Rettet" er mit chemischen Spritzmitteln seinen Bestand, verliert er den Acker für den kontrollierten Anbau und erleidet auch finanziellen Verlust.

Ackerfuchsschwanz

Der Ackerfuchsschwanz stellt eine weitere Herausforderung für Landwirt und Getreide dar. Sein Vorkommen ist im Bestand deutlich sichtbar, doch: „Der aktuelle Bestand stellt noch keine Bedrohung dar", erklärt Hubert Pentenrieder. „Wird seine Verbreitung jedoch intensiver, kommt es zu einer massiven Beeinträchtigung der Ernte. Denn der Ackerfuchsschwanz wächst in direkter Konkurrenz zum Getreide, nimmt ihm das Wasser und die Nährstoffe."

Um eine starke Verbreitung des Ackerfuchsschwanzes zu verhindern oder einzudämmen, kann der Landwirt im kontrollierten Anbau nur vorbeugen. Entscheidend ist dabei die Fruchtfolge, die von Aussaat zu Aussaat die Bodenkonditionen verändert und die Keimbedingungen für den Acker-fuchsschwanz reduziert. Wichtig ist weiter die Bodenbearbeitung im Herbst vor der Aussaat, die nicht zu früh erfolgen darf.

Jetzt, in der Blütenphase, können die Landwirte zum ersten Mal einschätzen, wie die Ernte wird. Sie sehen es an der allgemeinen Entwicklung des Getreides und am Kornansatz. Von jetzt an können sie als Landwirte nicht mehr eingreifen. Natur und Wetter übernehmen allein die Regie. In diesem Jahr blicken Hubert Pentenrieder und Georg Lampl zuversichtlich in Richtung Ernte. Und auch Julian Kasprowicz freut sich auf das, was hier für seine Backstube und die WEILHEIM-SCHONGAUER LAND Brote wächst.

ERNTEZEIT

Ist das Korn voll entwickelt, wird die Getreidepflanze gelb. Sie stirbt! Das deutlichste Zeichen für den Landwirt: Es ist Zeit für die Ernte.

Um den genauen Erntetermin zu bestimmen, braucht der Landwirt Intuition und Fingerspitzengefühl. Regelmäßig verfolgt er den Wetterbericht und misst auf dem Feld die Kornfeuchte. Das Messgerät zermahlt grob das Korn und zeigt innerhalb einer Minute den Feuchtigkeitsgehalt an. Dieser sollte möglichst unter 14 Prozent liegen. Ist Regen angesagt und keine stabile Wetterbesserung in Sicht, wird eine Ernteentscheidung auch einmal trotz höherem Feuchtigkeitsgehalt getroffen. Das geerntete Getreide ist dann allerdings kostenintensiv nachzutrocknen.

Die Kornfeuchte wird direkt auf dem Feld gemessen

Heute misst das Gerät 13,5 Prozent Feuchte. Hubert Pentenrieder ist zufrieden: „Ein guter Wert!" Doch das Messen der Kornfeuchte geht auch ohne Messgerät. „Einfach draufbeißen! Wenn's kracht, ist das Korn trocken!", lacht Hubert Pentenrieder.

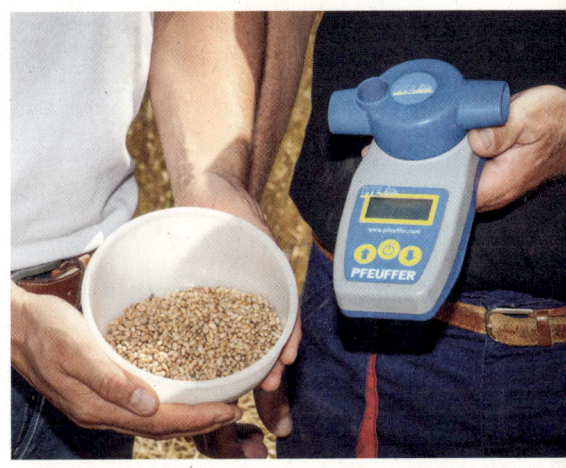

Dominik Pentenrieder zieht wieder seine Bahnen. Auf dem Führerstand des Dreschers steuert er über den Bordcomputer die gesamte Maschine – von der Korbeinstellung nach dem Schneidwerk, durch den die Körner aufgenommen werden, über das gesamte Innenleben des Dreschers bis zur Dreschtrommel, in der die Körner aus den Ähren ausgedroschen werden.

Im Computer ist eine Grundeinstellung gespeichert, weitere Daten werden von ihm manuell eingegeben. Teilweise können die Einstellungen von ihm nachjustiert werden, teilweise reguliert der Computer selbst.

Vorne am Drescher richtet die Haspel das Getreide auf. So kann das Schneidwerk dahinter optimal greifen. Die Drehgeschwindigkeit der Haspel ist mit der Fahrgeschwindigkeit des Dreschers gekoppelt und reguliert sich entsprechend selbst.

Nach der Dreschtrommel trennen Spalten von 3 mm Breite die Spreu vom Weizen. 80 bis 90 Prozent der Körner werden so von der Spreu – den Spelzen, Samenhülsen und

Stängelteilen – getrennt. Das restliche Korn-Stroh-Gemisch wandert in den Schüttler, der die noch verbliebenen Körner auf einer Siebfläche ausschüttelt. Die Spreu wird mit Wind ausgeblasen und landet, wie das Stroh, auf dem Acker.

Ist der Korntank voll, werden die geernteten Körner über das Abtankrohr vom Drescher auf das Transportfahrzeug übergeladen.

Ende Juli, Anfang August – je nach Wetterlage – ist die Ernte eingefahren. „Jeder Erntetermin ist für den Landwirt eine Entscheidung auf Leben und Tod", berichten die Landwirte, „denn der Erntetermin entscheidet über die Fallzahl des Getreides." Diese Fallzahl dokumentiert den Enzym- oder Eiweißwert, der für die Backfähigkeit des Mehls von größter Bedeutung ist.

In diesem Jahr hat wirklich alles gepasst! Bestens auch für Bäckermeister Julian Kasprowicz. Und natürlich auch für das Brot und seine Kundinnen und Kunden.

KORN WIRD GEMAHLEN, MEHL WIRD GESIEBT

Nur wenige Wochen nach der Ernte liefert ein Landwirt sein Getreide an der Getreidegosse einer Mühle an. Was als Getreidepflanze monatelang auf den Feldern gewachsen ist und als Korn geerntet wurde, wird nun in der Mühle in vielen Mahl- und Siebvorgängen zu Mehl werden. Um dann nach dem Verbacken in der Backstube seinen Duft und Genuss in der Welt zu verbreiten.

Unser Rezept

DIE ZUTATEN

Der Müller

- ❤ ein Könner im alten Handwerk,
- ❤ veredelt mit neuem Denken und dem richtigen
- ❤ Fingerspitzengefühl für beste Mehlqualitäten

eine **traditionelle Mühle** – gepaart mit der Moderne

regionale Getreidesorten bester Qualität

ein **modernes Mühlensystem** und

ein **Sack voll Einfühlungsvermögen**

Weißes Gold an Korn mit Kraft

1. **Die Vorbereitungszeit:** circa 1 Stunde pro Tonne Getreide – für Reinigen und Netzen (Befeuchten des Weizens, damit die Schale elastischer wird)

2. **Die Backzeit:** circa 15 Minuten für 14 Mahlgänge (3 Schrotgänge und 11 Mahlgänge)

3. **Die Ruhezeit:** circa 2 bis 3 Wochen zum Nachreifen nach dem Mahlen

4. **Die Nährwerte:** Die Mühle ist komplett klimaneutral durch

   - ❤ Strom aus der eigenen Wasserkraft- und Photovoltaik-Anlage

   - ❤ Strom aus regionaler Wasserkraft – auch im Nachkauf

   und

   - ❤ Klimaschutz durch kurze Wege – circa 60 bis 70 km pro Laib Brot (vom Acker zur Mühle und weiter in die Backstube)

ALTES HANDWERK, NEUES DENKEN

Neben dem Landwirt gehört der Beruf des Müllers zu den ältesten Berufen der Welt. Bereits vor rund 12.000 Jahren wurde, mit dem Sesshaftwerden der Menschen, Getreide angebaut und zu Mehl vermahlen. Früher nutzten die Menschen dafür die Mahlfläche zwischen zwei Mahlsteinen.

Heute übernehmen diese Aufgabe moderne Walzenstühle, die das Korn schonend aufbrechen und schroten, um den Mehlkern zugänglich zu machen, und der Plansichter, der das Mehl von der Kleie trennt.

Wer heute eine große Mühle betritt, erlebt eine hochtechnisierte Welt: digital, über Computer gesteuert und komplett automatisiert. Müller sind heute Verfahrenstechnologen. Sie analysieren die angelieferten Rohstoffe im Labor, überwachen die Qualität des Getreides während der Verarbeitung und steuern die Verarbeitungsprozesse der zum Teil riesigen Anlagen über Computer.

Wer die kleine und handwerklich geführte Offmühle in Sindelsdorf betritt, erlebt eine ganz andere Welt. Noch bis Ende 2018 arbeiteten Müller Martin Sonner und sein kleines Team auf historischen Walzenstühlen. Mit dem Umbau der Mühle im Frühjahr 2019 wurden diese außer Dienst gestellt und durch ein moderneres Mühlensystem ersetzt. Doch noch immer zeigt sich, im Vergleich zu einer großen Mühle, eine eher „historische" Anlage.

Alle neu eingebauten Maschinen wurden gebraucht gekauft, aufgearbeitet und dabei teilweise umgebaut, um sie an die Örtlichkeit und die Anforderungen der Offmühle anzupassen. „Die entsprechenden Mühlensysteme für kleine handwerkliche Mühlen werden heute gar nicht mehr hergestellt. Gebaut werden nur noch Systeme für große Mühlen", bedauert Müller Martin Sonner. „Für uns bedeutet das oft jahrelanges Suchen und Warten auf eine geeignete gebrauchte Anlage. Und fündig werden wir häufig erst, wenn irgendwo eine alte und handwerklich geführte Mühle aufhört. Leider!"

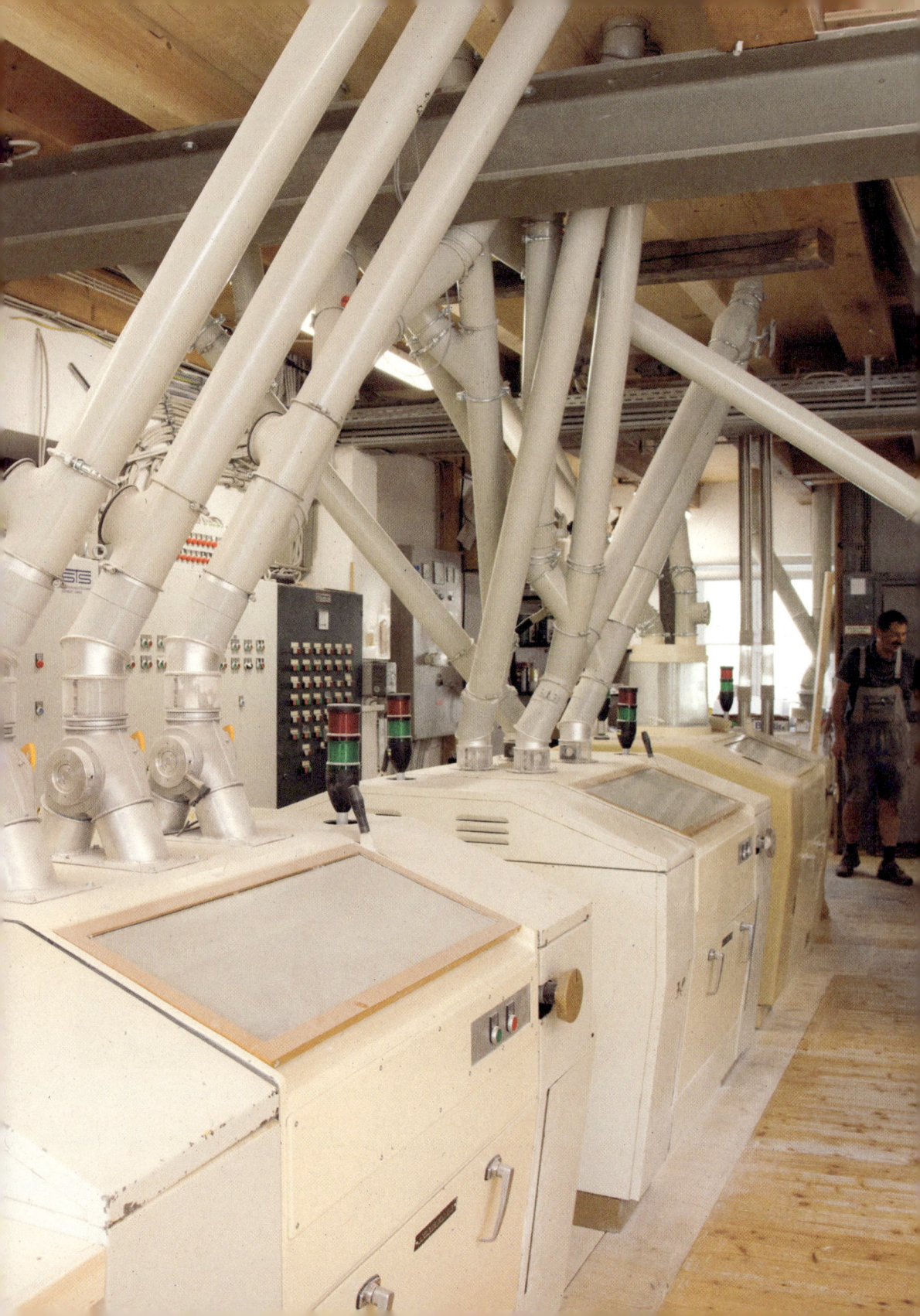

Der Umbau war unvermeidbar: um den Mitarbeitenden verbesserte Arbeitsbedingungen zu bieten, um der zunehmenden Spezialisierung gerecht zu werden und, um die steigende Nachfrage nach Auszugsmehlen bedienen zu können. „Denn die Kunden wünschen sich heute hellere Brote", beobachtet Martin Sonner.

Seit dem Umbau ist die Offmühle „zweigeteilt". Auf der einen Seite der Mühle werden Weizen und Dinkel, auf der anderen Seite Roggen vermahlen. Dafür führen die aufgearbeiteten Walzenstühle nach dem Umbau auf der einen Seite Glattwalzen für Weizen und Dinkel, auf der anderen Seite Riffelstühle für den Roggen. „So erhält auch eine kleine Mühle wie die Offmühle mehr Flexibilität. Große Mühlen fahren heute immer mit zwei extra Mühlensystemen. Ein System für Weizen und Dinkel, eines für Roggen", erklärt Martin Sonner. „Außerdem kann ich mit dem Einbau der Glattwalzen den Trend der Zeit nach helleren Mehlen besser bedienen."

Die historischen Walzenstühle der Mühle, die auf den Fotos zum Teil noch zu sehen sind, sind nur noch Ausstellungsstücke. Stolz blickt Martin Sonner heute zurück: „Es war schon eine Kunst, Roggen, Dinkel und Weizen gleichwertig auf einer Mühle zu verarbeiten."

AN DER GETREIDEGOSSE

Nach einer kurzen Fahrt über die Landstraßen liefert Georg Lampl seinen Roggen an der Getreidegosse der Offmühle an. Die Mühle liegt nur wenige Kilometer von den Feldern und Höfen der beiden Landwirte entfernt.

Hier angekommen, entnimmt Müller Martin Sonner mehrere Handvoll Getreide als Rückstellprobe. Jede dieser Proben wird eineinhalb Jahre aufbewahrt und gewährleistet die Rückverfolgbarkeit, sollten im Laufe der Zeit bei Getreide oder Mehl Belastungen bekannt werden. Weiter wird eine Feuchtigkeitsprobe für die Einlagerung und Lagerfähigkeit des Getreides genommen. Zu feuchtes Getreide ist vom Landwirt nachzutrocknen. Zur Feststellung der Fallzahl – wichtig für die spätere Backfähigkeit des Mehles – war das Getreide bereits im Labor.

Erst nach diesen ersten Sicherungsmaßnahmen wird das Getreide in die Schüttgosse abgekippt und in den zweiten Stock der Mühle befördert. Dort wird es zunächst im Separator von Bruchkörnern, kleinen Steinen, Stroh und Staub gereinigt. Im Anschluss sucht der Farbausleser mithilfe von Kameras verfärbte und unbrauchbare Körner aus und entfernt sie mit Luftstrom. Es wird in Getreide und Ausputz getrennt. Zuletzt wird das gereinigte Getreide genetzt. Das Netzen mit Wasser macht die zähe Schale der Getreidekörner elastisch und den Mehlkern mürbe. So lässt sich das Getreide nach einer Ruhezeit einfacher und energieschonender vermahlen und die Mehlfeuchtigkeit einstellen.

MAHLEN UND SIEBEN

Wohl dem, der sich hier auskennt! Martin Sonner erklärt dem staunenden Bäckermeister Julian Kasprowicz die verschiedenen Mehlpassagen. In jedem Rohr läuft ein anderer Mahlgrad – vom Erdgeschoss über die zwei Etagen der Mühle und wieder zurück. Insgesamt wird das Getreide in vierzehn Stufen gemahlen und gesiebt, gemahlen und gesiebt ...

Während des Umbaus wurden in den Mehlstrang auch Sichtfenster eingebaut, um interessierten Besucherinnen und Besuchern die Zu- und Ableitungen von Schrot und Mehl besser sichtbar zu machen.

Das Getreide darf bei den einzelnen Mahlgängen weder zu schnell, noch zu warm vermahlen werden, um die wertvollen Proteine, Vitamine und Mineralstoffe zu schonen. Der Müller spricht dabei von kalt vermahlenem Mehl – ähnlich wie bei kalt gepresstem Öl.

Nach jedem Mahlgang werden die Mehl- und Schalenteilchen mithilfe der Siebe des Plansichters voneinander getrennt. Der Plansichter ist ein Siebschrank mit 84 Einzelsieben in verschiedenen Bespannungen

von 100 bis 900 Mikrometern Dichte. Was durch das Sieb fällt, ist Mehl. Was nicht durchfällt, läuft zum nächsten Walzenstuhl, wird erneut vermahlen und gesiebt. So entstehen nach und nach die verschiedenen Mahlerzeugnisse:

Schrot: das grob zerkleinerte Getreide, das bereits nach dem ersten Mahlgang abgesiebt wird

Grieß: kleine Teilstückchen des Getreidekorns von 0,3 bis 1 Millimeter Größe für Babynahrung, Desserts und Nudeln

Dunst: ein doppelgriffiges Mehl mit hoher Wasseraufnahme für Spätzle, Nudeln und Strudelteig

Mehl: in den verschiedenen Ausmahlgraden und Mehltypen

Grobes Schrot nach dem ersten Mahlgang – dem Schrotgang

Die Mehltype gibt den Mineralstoffgehalt des Mehles an. Je höher die Typenbezeichnung, desto höher der Mineralstoffgehalt. So hat die Type 405 einen Mineralstoffgehalt von 0,405 Prozent, die Type 550 von 0,550 Prozent, die Type 1050 von 1,050 Prozent. Vollkornmehle sowie Grieß und Dunst werden nicht typisiert.

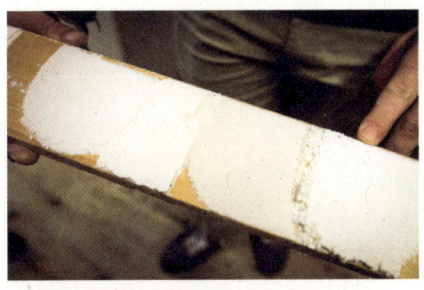

Abb. von links nach rechts: Type 405, Type 550, Grieß und Kleie, Type 1050

Zur Herstellung von Grieß braucht es zusätzlich eine Grieß-Putzmaschine. Sie befreit den Grieß von der Kleie, den Rückständen aus den Getreideschalen. Durch Schütteln wandern die leichteren Teile der Kleie nach oben und werden mit Luft abgesaugt.

Die Grieß-Putzmaschine in der Offmühle ist keine normale Grieß-Putzmaschine. Sie ist etwas ganz Besonderes. Sie ist doppelreihig und sehr klein. „So eine Maschine wird heute nicht mehr hergestellt. Wir haben eine solche Maschine zehn Jahre gesucht und jetzt erst gefunden, als in Österreich ein Müller aufgehört hat", erzählt Martin Sonner.

DIE KUNST DES MÜLLERS

Getreide ist ein Naturerzeugnis und jede neue Ernte und Anlieferung stellen den Müller vor neue Herausforderungen. Die Analysen der Laboruntersuchungen bieten ihm eine erste Orientierung. Doch sein Gespür für den Rohstoff ist von keiner Technik zu ersetzen.

In der Mehlmischanlage werden – basierend auf den Laborwerten und seiner Erfahrung – verschiedene Getreidepartien so gemischt, dass er den Bäckern eine gleichbleibende Mehlqualität und Backfähigkeit liefern kann. So kann er auf Zusatzstoffe zur

Stabilisierung der Backfähigkeit völlig verzichten. Für diese gleichbleibende Qualität der Mehle ist die Kunst des Müllers immer wieder neu gefordert.

Die Qualität des Mehles und damit seine Backfähigkeit wird von verschiedenen Faktoren bestimmt. Ganz wesentlich sind dabei Klebermenge und Kleberqualität. Der Kleber ist das wasserunlösliche Eiweiß im Getreidekorn.

Klebergehalt und -qualität entscheiden, wie dehnbar und elastisch ein Teig ist. Ist der Kleber zu zäh, entwickelt sich zu wenig Trieb. Ist der Kleber zu weich, fällt der Teig zusammen. Diese Qualitätsschwankungen werden von den unterschiedlichen Witterungsverhältnissen verursacht, denen das Getreide im Laufe eines Vegetationsjahres ausgesetzt ist. Viel Sonne während der Wachstumsphase lässt zum Beispiel den Eiweiß- bzw. Enzymgehalt im Korn steigen und steigert die Backfähigkeit.

Für das WEILHEIM-SCHONGAUER LAND Brot kommt die Mehlmischanlage der Offmühle kaum zum Einsatz. Für diese Mehle stehen Martin Sonner nur die Weizen- und Roggenqualitäten zur Verfügung, die ihm die Natur sowie Können und Erfahrung der beiden Landwirte jedes Jahr schenken. Er hat allein die Möglichkeit, etwas Getreide aus einem qualitativ besonders guten Jahr zurückzustellen, um es im darauffolgenden, eventuell schlechteren Jahr beizumischen. Und Julian Kasprowicz hat im Anschluss die manchmal sehr herausfordernde Aufgabe, vor allem dank seiner Handwerkskunst, die bestmöglichen Brote zu backen.

EIN SACK VOLL LEBEN UND GENUSS

Nach der Vermahlung durchläuft das Mehl eine finale Kontrollsiebung. Ein Eisenmagnet fischt mögliche Eisenteile (eventuell kleine Metallteile von einer der Maschinen) heraus. Um die Verarbeitungsqualität weiter zu stabilisieren, darf das Mehl im Anschluss zwei bis drei Wochen im Mehlsilo ruhen und reifen.

Nach der Reifung wird das Mehl über die Abfüllanlage in der Mehlabpackung in 25-Kilogramm-Säcke gefüllt. Die Säcke werden nur mit einer speziellen Faltung verschlossen. Das Gewicht des Mehles, das von innen gegen die Faltung drückt, verhindert ein Auslaufen.

Das „weiße Gold", wie Mehl über die Jahrtausende wegen seiner Kostbarkeit immer wieder genannt wurde, steckt nun in einem unscheinbaren Sack und wartet auf den Transport und die Weiterverarbeitung in der Backstube. Mit dem Backen wird es zu einem unserer wichtigsten Grundnahrungsmittel, dem Brot. Und dieses Brot wird Duft und Genuss in der Welt verbreiten.

ZEIT UND RUHE FÜR GENUSS UND BEKÖMMLICHKEIT

70 Prozent Roggenmehl, 30 Prozent Weizenmehl, etwas reifer Sauerteig, Wasser, Hefe und Salz, dazu etwas Brotgewürz mit Koriander, Kümmel und Fenchel – das allein sind die Rohstoffe für ein klassisches Roggenmischbrot. Verarbeitet in traditioneller Handwerkskunst und mit viel Geduld für eine lange Teigführung werden daraus herrlich duftende, knusprige und bekömmliche Brote.

Unser Rezept

DIE ZUTATEN

Der Bäcker

- ♥ traditionelle Handwerkskunst,
- ♥ viel Gefühl und geschickte Hände für den Teig,
- ♥ Geduld für eine lange Teigführung

eine **Backstube**, ausgestattet mit modernster Bäckereitechnologie

beste **unbehandelte Qualitätsmehle**

Kneter, **Garraum** und **Schamotte-Ofen**

eine **extra Schüssel Genuss**

1. **Die Vorbereitungszeit:** circa 10 Minuten für die Vorbereitung der Zutaten

3. **Die Ruhezeit:** für den Sauerteig 16 bis 20 Stunden, den Teig 15 bis 20 Minuten, die Gare circa 30 Minuten

3. **Die Backzeit:** circa 60 Minuten

4. **Die Nährwerte:** Beste unbehandelte Zutaten, eine lange Teigruhe und Quellzeiten sorgen für

- ♥ hohe Bekömmlichkeit

- ♥ gute Frischhaltung

- ♥ vielseitigen und herzhaften Genuss als Hauptmahlzeit oder Beilage

- ♥ ein vollmundiges Geschmackserlebnis mit ein paar tiefen Atemzügen vom Lieblingsduft

und

- ♥ sehr kurze Wege schützen die Umwelt und das Klima

LEBENDIGE HANDWERKSKUNST

Als wichtigstes Grundnahrungsmittel hat das Brot für uns Menschen eine besondere Bedeutung. Denn die Sorge um das „tägliche Brot" bestimmte über Jahrtausende unser Leben: vom Anbau der Rohstoffe über die Zubereitung des Teiges und dem Backen bis zur Vorratshaltung.

Der Bäcker zählt zu den ältesten Handwerksberufen. Seit dem achten Jahrhundert ist dieses Handwerk in unseren Regionen bekannt. Damals war Brot für die breite Bevölkerung noch unerschwinglich. Erst ab dem späten Mittelalter gewann es als Grundnahrungsmittel für alle an Bedeutung.

Die Verarbeitung und Herstellung eines Brotes haben sich über die Jahrtausende hinweg nur wenig verändert. Doch in den letzten Jahrzehnten haben Technisierung, Zeitgeist und das veränderte Kauf- und Genussverhalten von Kundinnen und Kunden für einen deutlichen Wandel im Bäckerhandwerk gesorgt. Das traditionelle Bäckerhandwerk ist unter Druck geraten. Die nächtlichen Arbeitszeiten führten zu Nachwuchs- und Fachkräftemangel und hochtechnisierte Fertigungs- und Liefermethoden ermöglichen günstigste Brotpreise in Backshops und eher industriell ausgerichteten Bäckereien. Da konnten und können traditionelle Handwerksbäcker nicht mithalten.

So ist die Zahl der handwerklichen Bäckereibetriebe in Deutschland in den letzten Jahren deutlich zurückgegangen. Den traditionellen Dorf- oder Stadtteilbäcker finden wir kaum noch. Der Bedarf am wichtigsten Grundnahrungsmittel wird zunehmend von Großbäckereien gedeckt, die ihre vorgebackenen und tiefgekühlt angelieferten Backwaren in ihren Filialen, in Supermärkten und Backshops fertig backen lassen und so fast stündlich backfrisch anbieten können. Preisgünstig – auch trotz oft extrem weiter Transportwege.

Doch die neuesten Zahlen belegen eine kleine und konstante Trendwende bei den Handwerksbäckereien. Sortimentsanpassungen an die heutige Snack-to-go-Mentalität vieler Kundinnen und Kunden stabilisieren die Umsätze und lassen sie sogar steigen. Durch Zeitschaltuhren gesteuerte Maschinen und Öfen verschieben den unbeliebten Nachtarbeitsplatz der Bäckerinnen und Bäcker Richtung frühe Morgenstunden und Tagesschichten, lassen Mitarbeitende im Handwerk bleiben und die Zahl der Auszubildenden wieder steigen. Und die wichtigsten Verkaufsargumente der Handwerksbäckereien – Tradition, hochwertige Qualität und Regionalität – verfehlen ihre Wirkung nicht, dank eines stetig wachsenden Einkaufsbewusstseins vieler Kundinnen und Kunden.

Bewusst und zeitgemäß verbindet auch Bäckermeister Julian Kasprowicz traditionelle Handwerkskunst und modernste Bäckereitechnologie in seiner Backstube auf Gut Kerschlach bei Pähl. Im Jahr 2010 war er "Bayerns bester Bäckermeister". Neben einem Holzofen, wie ihn seine Urururgroßeltern in der Steiermark hatten, erleichtern moderne Maschinen und Öfen die Produktion. Sie ersetzen jedoch nicht das prüfende Auge und Fingerspitzengefühl einer Bäckerin und eines Bäckers für beste Rohstoffe und Teigqualität.

Traditionelle Handwerkskunst – das bedeutet für ihn selbstverständlich auch Regionalität und das Backen mit regionalen Rohstoffen. Mit all den damit verbundenen Freuden und Herausforderungen für einen Bäcker.

IM MEHL LIEGT DIE HERAUSFORDERUNG

Die Qualität der Mehle ist entscheidend für die Backfähigkeit. Basierend auf den Laborwerten werden in der Mühle heute die verschiedenen Getreidepartien so gemischt, dass beim Mehl ein konstantes Mischungsverhältnis mit optimaler Backfähigkeit und gleichbleibender Qualität erzielt werden kann.

Für ein Landkreis-Brot, wie dem WEILHEM-SCHONGAUER LAND Brot, ist das nicht möglich. Hier sorgen allein die Natur und die Witterungsverhältnisse für das „Mischungsverhältnis" und damit für eine mehr oder weniger gute Backfähigkeit der Mehle.

Entscheidend für die Backfähigkeit des Mehles sind die Klebermenge, Kleberqualität sowie die Enzymaktivität des Mehles. Diese ist messbar über die Fallzahlmethode. Die Fallzahl ist die Zeit in Sekunden, die ein standardisierter Stab braucht, um durch einen Stärkekleister aus Mehl und Wasser zu fallen. Die Stärke im Mehl verursacht die Verkleisterung des Teiges. Sie bindet ihn ab und macht ihn zäh. Je nach Fallzahl der Mehle unterscheiden sich die Teige in ihrer Elastizität und Triebkraft, und die Gebäcke in der Art der Poren in der Krume, dem inneren Teil der Backwaren, und in der Feuchtigkeit. Haben die Mehle eine zu geringe Triebkraft, erfordert dies die Zugabe von vergärbaren Zuckern, zum Beispiel von Maismehl, und/oder von enzymhaltigen Backmitteln.

Eine große Herausforderung für den Bäckermeister und seine Mitarbeitenden, denn in der Gutsbäckerei wird auf Backhilfsmittel und künstliche Zusatzstoffe vollständig verzichtet. Julian Kasprowicz und sein Team können bei geringer Backfähigkeit des Mehles nur mit viel Fingerspitzengefühl die Teigführung gestalten oder das Rezept anpassen und dabei das Mischungsverhältnis zwischen Weizen- und Roggenmehl variieren. Im Extremfall muss Julian Kasprowicz eine Brotsorte – wie im Jahr 2016 – für eine Erntesaison aus dem Sortiment nehmen. In der Hoffnung, dass die Natur im folgenden Vegetationsjahr wieder eine Getreidequalität mit guter Backfähigkeit wachsen lässt.

GESUNDES BROT BRAUCHT ZEIT

Vor dem ersten Arbeitsgang – dem Mischen der Grundzutaten „Mehl mit einem gleichen Teil Wasser und reifem Sauerteig" im Kneter – durfte der Sauerteig 16 bis 20 Stunden quellen und fermentieren.

Über eine ganze Nacht konnte das Mehl ausreichend Wasser aufnehmen. Dieses Vorquellen sorgt nach dem Backen für saftige Brote mit einer hohen Frischhaltung. Das Vorquellen unterstützt das Backergebnis sogar bei Mehlen aus Getreiden mit schwankender Enzymqualität, was nach einem sehr trockenen und heißen Sommer durchaus möglich ist. Weiter bauen sich durch diese lange Teigführung diejenigen Mehlinhaltsstoffe ab, die zu eventuellen Unverträglichkeiten nach dem Genuss führen können: Stärke und Eiweiß. Die Brote werden dadurch deutlich bekömmlicher.

Während der folgenden Teigruhe – circa 15 bis 20 Minuten, jetzt mit allen Zutaten – wird die Hefe aktiviert. Die Teigtemperatur – optimal sind 28 Grad – bestimmt die Teigruhezeit. Ist der Teig noch zu kalt, darf er länger ruhen, quellen und fermentieren.

Ob ein Brot eine lange Teigführung genossen hat, und ob sie nicht nur verkaufsfördernd genannt wird, lässt sich nach dem Kauf nicht nur vom Profi, sondern auch zu Hause von jeder Kundin und jedem Kunden feststellen.

Dazu Julian Kasprowicz' Experten-Tipp: „Ein Brot, das wirklich eine lange Teigruhe genossen und viel Feuchtigkeit im Teig hat, bröselt nicht beim Bestreichen und es dauert Tage, bis es altbacken wird!"

ECHTE HANDARBEIT

Im nächsten Arbeitsschritt wird abgewogen und aufgearbeitet – alles von Hand. Ein Arbeitsvorgang, der in einer modernen Backstube von einer Maschine übernommen werden könnte. Doch hier haben sich die Bäckerinnen und Bäcker in der Gutsbäckerei gegen die moderne Technik und für sich selbst entschieden. Sie wollen ihr Gefühl für den Teig nicht verlieren!

So wird der Teig für jedes einzelne Brot griffsicher und schnell von Hand abgestochen und gewogen. Circa 880 Gramm Teiggewicht ergeben nach dem Backen Brote mit 750 Gramm Ausbackgewicht. Die abgewogenen Teigstücke werden nach und nach ausgestoßen, d. h. in Form gegeben und rund gedrückt. Das Ausstoßen geschieht mit wirbelnden Händen und in fast schwindelerregender Geschwindigkeit.

Bäckermeister Julian Kasprowicz macht es vor. Die beiden Landwirte Hubert Pentenrieder und Georg Lampl staunen über die Technik und Fingerfertigkeit, die es braucht, um einen Laib Brot von Hand zu formen. „In dieser Disziplin werden wir es wohl nicht mehr zur Meisterschaft bringen!" Davon sind beide lachend überzeugt und kneten und drücken behutsam den Teig in ihren Händen.

Anschließend werden die ausgestoßenen Laibe für 20 bis 30 Minuten zur Gare in die Gärkörbchen aus Peddigrohr gelegt und in den Garraum gefahren. Nach der Gare werden die Brote aus den Körbchen gekippt und mit Wasser besprüht.

Beim Einlegen der Laibe in die Gärkörbchen ist es von größter Bedeutung, dass sie mit dem Schluss – der unglatten Seite – nach unten hineingelegt werden. Julian Kasprowicz erklärt auch warum: „Beim Kippen aus den Gärkörbchen dreht sich der Schluss – die unglatte Seite – nach oben und bildet dann beim Backen die markante und rissige Oberfläche aus, die wir bei den Broten so lieben."

AB IN DEN OFEN

Und jetzt endlich: Ab in den Ofen! Gebacken wird direkt auf Schamottesteinen. Diese direkte Hitze ist wichtig für die Krustenbildung und das Aroma der Brote.

Mehrmals wird Wasserdampf, sogenannte Schwaden, über die Brote gegeben. Die Schwaden kondensieren auf der Brotoberfläche und sorgen für die Zunahme des Brotvolumens. Außerdem bekommen die Brote dadurch ihre resche Kruste.

Angebacken wird bei 260 Grad, danach fällt die Temperatur bis auf 210 Grad. Das hohe Anbacken dient dem Volumen des Brotes und der schnellen Krustenbildung. „Im Grunde ist das Brot in einer halben Stunde fertig gebacken.

Die Kerntemperatur – circa 100 Grad – ist erreicht und die Stärke vollständig verkleistert. Das Brot ist schnittfähig und essbar. Doch jede Minute länger ist wichtig für eine aromatische und resche Kruste!", weiß der Bäckermeister.

Nach circa einer Stunde Backzeit holt der Bäckermeister die Brote aus dem Ofen. Als letzten Arbeitsschritt testet Julian Kasprowicz durch das Klopfen auf die Brotunterseite, ob die Brote tatsächlich durchgebacken sind. Denn er weiß: „Wenn es sich hohl anhört, ist das Brot fertig!"

Ein resches Backergebnis, das sich sehen lassen kann – und das wir riechen können! Kein Wunder: Der Duft von frisch gebackenem Brot steht auf Platz 1 unserer Lieblingsdüfte. Dicht gefolgt vom Duft einer frisch gemähten Wiese.

VOM KORN ZUM BROT

Das Korn – gewachsen auf den Feldern der Landwirte, vom Müller zu Mehl vermahlen und vom Bäcker gebacken – hat sich verwandelt zu Brot. Brot ist Leben!

Brot und Wasser sind eine Minimalernährung, die uns in Zeiten der Not am Leben erhalten kann. Unseren Arbeitgeber nennen wir auch Brötchengeber. Der Broterwerb ist Grundlage unserer Existenz.

Ja, manchmal müssen wir unser Brot sauer verdienen, in Notzeiten vielleicht kleinere Brötchen backen oder den Brotkorb etwas höher hängen. Dann haben wir es schwer, dann haben wir ein hartes Brot. Und ja, eine brotlose Kunst bringt nichts ein.

Doch etwas gebacken bekommen, bedeutet Erfahrung und Wissen, Kraft und Können, Geduld und Hingabe, Erfolg und Wirkung.

Brot – ein Lebensmittel, das uns nährt und wirkt!

Wir engagieren uns Tag für Tag. Wir investieren unsere Zeit – oft auch unser Geld - in und für die Dinge und Themen, die uns am Herzen liegen. Dinge, die wir schützen, Themen, die wir voranbringen und mitgestalten wollen. Dabei ist es unser Wunsch und unsere Intention, durch unsere Bereitschaft zur Handlung und den Einsatz unserer Gestaltungskraft eine Wirkung zu erzielen.

REGIONALITÄT WIRKT

Unser Rezept

NÄHE

♥ ein achtsamer Umgang zwischen Menschen, Tieren und Pflanzen, direkt und mit allem verbunden

MUT

♥ offen, unabhängig und innovativ denken, fühlen und handeln

VIELFALT

♥ mit allen Sinnen kreativ und lebendig genießen und gestalten

Nähe an Mut mit Vielfalt

1. **Die Vorbereitungszeit:** Verantwortung übernehmen

2. **Die Backzeit:** Engagement zeigen

3. **Die Ruhezeit:** Vertrauen gewinnen

4. **Die Nährwerte:** Beste unbehandelte Zutaten, eine lange Teigruhe und Quellzeiten sorgen für

   ♥ Erhalt und Wiederbelebung von regionalen Kreisläufen und der biologischen und regionalen Vielfalt

   ♥ Umweltverträglichkeit und Nachhaltigkeit durch kurze Wege und Transparenz bei Erzeugung und Verarbeitung

   ♥ Regionale Wertschöpfung durch den Erhalt der bäuerlichen Landwirtschaft, die Sicherung von Arbeits- und Ausbildungsplätzen und die Stärkung des regionalen Handwerks

5. **Und so gelingt's!**

DAS REZEPT

Wir wissen viel. Wir wissen um die Herausforderungen der Zeit – in unserem eigenen Leben, für unsere Gesellschaft und für die ganze Welt. Ebenso wissen wir um die Dinge, die die Welt verändern können und was wir dafür zu tun haben. Wir wissen, was nötig ist, um ein Zeichen zu setzen und, um in eine Situation Bewegung zu bringen. Wir diskutieren darüber, demonstrieren und fordern politische Entscheidungen und geben dabei nur allzu oft unseren Mitmenschen die Dinge mit auf den Weg, die etwas verändern sollen.

Wir wissen auch, dass unsere Anregungen und Forderungen häufig wirkungslos sind. Dass das Bekunden unserer Betroffenheit im Wettstreit mit den Bekundungen der anderen oft ohne Wirkung verhallt. Und dass wir uns von der Größe der Herausforderungen und der Komplexität der Aufgaben gerne einschüchtern lassen und eher im Nichtstun und Reden verharren als aktiv zu werden. Und so ist der Satz „Was kann ich als Einzelne oder Einzelner schon tun!?" noch immer in vieler Munde.

Wie kann uns der Schritt gelingen –
von diesem Wissen in ein erstes Tun?

Wie können wir unsere Herzensanliegen
selbst in die Umsetzung bringen?

Es kann gelingen, indem wir das, was wir von anderen so gerne erwarten oder vielleicht sogar verlangen, selbst ausprobieren und damit unsere eigenen Erfahrungen sammeln. Indem wir eine erste kleine Entscheidung für unser eigenes Leben treffen und eine Handlung folgen lassen. Nur so können wir erleben, wie das Ergebnis wirkt und schmeckt. Und uns eine erste kleine Kostprobe unseres Anliegens gönnen.

Wie essen wir eine Scheibe Brot? Stück für Stück und Biss für Biss. Es ist eine Entscheidung und Handlung nach der anderen, die zu Bewegung führt und – ausgeführt in Konsequenz und Kontinuität – Veränderung bewirkt. So zeigt schon der Einkauf von einem regionalen Brot seine Wirkung und bringt den regionalen Kreislauf in Schwung. Ob einmal pro Woche oder auch nur einmal im Monat spielt dabei keine Rolle.

Dieser Einkauf erscheint auf den ersten Blick vielleicht nur wie ein kleines unscheinbares Saatkorn, das einzeln in die Erde gesetzt wird. Doch wir wissen bereits: Mit der Aussaat entscheidet sich ganz wesentlich das Ergebnis der Ernte. Denn in der Erde bricht das Saatkorn auf und treibt aus. Dabei wächst es nie nach unten. Es wächst nie nach links oder nach rechts. Es wächst immer nach oben. Es wächst immer der Sonne, der Wärme entgegen.

Wiederholen wir diese Handlung, so kommt ein Saatkorn nach dem anderen dazu. Woche für Woche, Monat für Monat wird ein kleines Getreidefeld daraus. Doch sobald wir über unsere Handlung auch sprechen und unser Anliegen dadurch aktiv und offen vorleben, können wir Mitakteure gewinnen. Das kleine Getreidefeld wächst nach und nach zu einem großen Getreidefeld heran und lässt Korn zu Brot werden.

Wir geben mit diesem Handeln unserem Anliegen die Chance zu wachsen und sich zu entwickeln. Verbunden mit der Chance, über uns selbst und unser Leben hinauszuwachsen und anderen Menschen, deren Wissen und Leben näher zu kommen. Wir geben uns die Möglichkeit, etwas zu wagen. Wir entdecken für uns Neues und erleben, wie wir Veränderung in die Welt bringen. Wir ändern das Rezept unseres Lebens, wählen neue Rohstoffe, mischen Neues mit Bewährtem und backen es an!

MAN NEHME BESTE ROHSTOFFE

Werte bilden das Fundament unseres Lebens. Sie sind der fruchtbare Boden für unser Saatgut: für unsere Anliegen und Handlungen. Werte geben uns Nahrung. Im Wachsen und Gedeihen wie auch in herausfordernden Momenten bieten sie uns Orientierung. Und sie sind unser Humus für Sinn und Inhalte, für Eigenverantwortung und Zusammenarbeit sowie für unseren Umgang mit Scheitern und Gelingen.

Unsere ureigenen Werte liegen allein in uns. Wir können uns aufmachen, sie zu entdecken und zu leben. Jenseits von vorgelebten und – bewusst oder unbewusst – übernommenen Werten. Werte sind der Schlüssel für Lösungen, sind Fundament und Verbindung für unser tägliches Leben. Mit ihnen sammeln wir neue Erfahrungen und erleben Bewegendes – wie bei unseren Akteuren, damals bis heute.

Aus dem Wert **Vielfalt**, der die verschiedensten Lebensformen und Lebenseinstellungen prägt, wachsen neue Ideen. Alle Lebensformen und Lebenseinstellungen sind gleichwertig und haben ihre Daseinsberechtigung. In einer vielfältigen Gesellschaft sind alle und alles willkommen. Wir werden ermutigt, unser gesamtes Potenzial bereitzustellen, zu zeigen und auch zum Einsatz zu bringen – für die Vielfalt des Lebens, für Ideen und Lösungen.

Neue Ideen öffnen unsere Lebensräume und ermöglichen uns die Begegnung mit Menschen und ihren Themen. Diese **Nähe** kann eine enge persönliche und gesellschaftliche Verbundenheit schaffen. Eine Verbundenheit, die uns achtsam miteinander agieren, uns einander verstehen und akzeptieren lässt. Und sie verleiht uns die Kraft, Konflikte anzunehmen, mit ihnen zu wachsen und diese in uns selbst und gemeinsam zu lösen.

Dafür brauchen wir **Mut**. Mut befähigt uns, etwas zu wagen. Mit ihm können wir Herausforderungen annehmen und uns für etwas einsetzen, das wir als wichtig und notwendig erkannt haben. Durch unser Verhalten und Vorleben machen wir auch den anderen Mut. Denn Mut verleiht uns die Entschlusskraft, um nach sorgfältigem Abwägen „Altes und vielleicht Schädliches" zu lassen und Neues zu tun.

Allein das Entdecken und Leben dieser drei Werte ist ein herausforderndes Abenteuer. Es bedingt, neben den unweigerlichen Veränderungen, vor allem neue Impulse. Zunächst für uns selbst, dann für unser Umfeld und letztendlich auch für die ganze Welt.

Indem wir uns in unserer Region dafür einsetzen, die Lebensgrundlagen für Menschen, Tiere und Pflanzen zu erhalten, können wir die schädlichen Auswirkungen der Globalisierung aufzeigen. Wir können sie in und für unsere Region wirksam abmildern und dabei unsere Lebens- und Handlungsräume neu gestalten. Mit diesem persönlichen und regionalen Abenteuer können wir sogar weltweit Einfluss nehmen.

Wie bei der Getreidepflanze treiben auch die Saatkörner unserer Idee aus. Sie wachsen in die Höhe und mit dem Erblühen geht alle Kraft ins Korn. Nach der Ernte können wir entscheiden, wie wir die Ergebnisse und deren Impulse weiterentwickeln und verarbeiten.

Jedes Mal kommt dabei etwas Neues heraus. Denn wir haben es noch nie so gemacht. Das ist ein unvergleichbares und bereicherndes Erleben, für das es sich wirklich lohnt, Engagement zu zeigen, Verantwortung zu übernehmen und Vertrauen zu gewinnen.

Weizen
Ähren

Weizen
Mehl

Weizen
Körner

Roggen
Mehl

Roggen
Körner

Roggen
Ähren

DIE ZUBEREITUNG

Verantwortung übernehmen, Engagement zeigen, Vertrauen gewinnen – das sind die wirksamsten Werkzeuge, um eine neue Idee in die Welt zu bringen und umzusetzen. In der Regel gibt es noch kein erprobtes Rezept und keine allgemeingültige Backanleitung. Wann ist das Mischungsverhältnis der Rohstoffe ausgewogen? Wie viel persönlicher Einsatz und Fingerspitzengefühl lassen eine neue Idee wirklich aufgehen? Für die Antworten und Lösungen gilt es, den Teig immer wieder abzuschmecken, seine Konsistenz erneut zu prüfen und auch für ein mögliches Versalzen einzustehen.

Trotz aller Unwägbarkeiten schenken uns Verantwortung und Engagement ein gutes Gefühl. Dies geschieht, indem wir unsere Idee und ihre Intention genau erklären. Indem wir die Menschen hinter der Idee und ihr Anliegen sichtbar machen und das gemeinsame Wertefundament offenlegen. Und bei allen Beteiligten lassen sich Glaubwürdigkeit und Vertrauen schaffen, indem wir beherzt in den Dialog gehen, miteinander wagen und gemeinsam gestalten.

„Schaug her, do is mei Woazn drin!"
Landwirt Hubert Pentenrieder bei der Einführung des regionalen WEILHEIM-SCHONGAUER LAND Brotes

Neben unserer Entfremdung von der Region hat die Globalisierung auch dazu geführt, dass wir das Gefühl und den Blick für die Konsequenzen unserer Handlungen verloren haben. Regionales Denken und Handeln bringen uns mit den Folgen wieder direkt in Berührung. Sie eröffnen uns einen Gestaltungs- und Handlungsraum für Verantwortung und Engagement. Und sie lassen uns die Ergebnisse – die Ernte – wieder direkt wachsen sehen, fühlen, riechen und schmecken.

Bei einem regionalen Brot wollen und können Kundinnen und Kunden heute sehr genau wissen, woher die Rohstoffe stammen, wie sie angebaut und verarbeitet werden. Der Sonntagsausflug führt sie an den Feldern der Landwirte vorbei. In der Mühle schauen sie dem Müller über die Schulter. Der Blick in die gläserne Backstube gewährt neben duftenden auch Vertrauen gebende Aromen. Und das persönliche Gespräch mit dem Bäckermeister auf seiner täglichen Tour durch seine Filialen schafft immer wieder die Gelegenheit, die eigenen Fragen und Anliegen persönlich und direkt an den Mann zu bringen.

Diese gelebte Nähe und Transparenz beinhalten natürlich auch Herausforderungen für unsere Akteure. Herausforderungen, die in der Anonymität der globalen Handlungswege verborgen bleiben. Doch genau durch dieses Sichtbarwerden und Greifbarsein bieten sie auch unvergleichbare Glücksmomente. Wo können heute noch Landwirte zu sich selbst, zu ihrer Familie und ihren Freunden sagen: „Schaug her, do is mei Woazn drin!" Wann wissen Müller heute noch, von welchen Feldern das Getreide kommt und in welchen Broten sich die, in ihrer Mühle vermahlenen, Mehle auf den Weg zu den Kundinnen und Kunden machen? Und wie viele Bäcker haben die Getreidefelder und die Mühle in ihrer direkten Nachbarschaft und können dies mit bestem Wissen und Gewissen auch an ihre Kundinnen und Kunden kommunizieren?

Das Ergebnis sind besondere persönliche Erlebnisse. Erlebnisse, die geprägt sind von Anteilnahme, Lebendigkeit und Weiterentwicklung. Doch auch von Auseinandersetzung und Konfrontation. Von Mensch zu Mensch entsteht jedes Mal etwas Neues. Mit dem Kopf und mit allen Sinnen kann geerntet, weiterverarbeitet und genossen werden.

NÄHRWERTE UND WIRKSTOFFE

Jedes einzelne Getreidekorn ist ein kleines Kraftwerk. Neben hochwertigen Kohlenhydraten, Ballaststoffen und einem nur geringen Fettanteil ist es reich an Vitaminen, Mineralstoffen und Spurenelementen. Diese Nährwerte treiben das Kraftwerk unseres Körpers an. Um gesund und funktionsfähig zu bleiben, braucht unser Körper diese Vielfalt an Nährstoffen. Fehlen diese sind sie zu wenig oder nur unausgewogen vorhanden, drohen Mangelerscheinungen und Krankheit.

Wie unser Körper brauchen auch die Regionen Nährwerte, um funktionsfähig und lebenswert zu sein. Sie brauchen eine regionale Produktion als Kraftstoff und lebendige Stärke. Die Entscheidungen und Handlungen der Akteure können wie Vitamine, Mineralstoffe und Spurenelemente die regionalen Kreisläufe beleben. Die erzeugten Produkte und Dienstleistungen fördern wie Ballaststoffe den Energiehaushalt und Stoffwechsel. So versorgt, entsteht ein lebendiger Organismus, der alle seine Funktionen erfüllen kann und über ein wirksames Immunsystem verfügt.

Nährwertangaben bei den Lebensmitteln sind heute Pflicht. Sie sind eine wertvolle Orientierung und wichtige Einkaufshilfe für alle, die gesund bleiben und aktiv im Leben stehen wollen. Oder den Wunsch nach Genesung haben.

Gesetzlich vorgeschriebene Nährwertangaben für eine gesunde Region und für den Erhalt der Lebensgrundlagen für Menschen, Tiere und Pflanzen suchen wir vergebens. Und so konnten die weltweit machtvoll agierenden Wirkstoffströme der Globalisierung die kleinteiligen Lebenskreisläufe in vielen Regionen empfindlich schädigen und teilweise sogar zerstören. Die globalen Lebenstrends und Handelsströme trugen wesentlich dazu bei, dass viele Regionen heute Mangelerscheinungen und Beschwerden zeigen – von akuter und chronischer Unterversorgung bis zu Organausfällen.

Wir wissen, dass in der regionalen Entwicklung in den letzten Jahren schon viel geschehen ist. Doch Kraft und Einfluss der regionalen Wirkstoffströme sind lange noch nicht ausreichend. Auch heute noch haben wir uns zu fragen:

Welche Nährwerte können die regionalen Kreisläufe und Stoffwechselsysteme weiter beleben?

Wann ist eine Region wirklich wieder funktionstüchtig und lebendig?

Wie können wir das Leben in der Region ausgewogen und nachhaltig, wie Gegenwart und Zukunft gesund und lebenswert gestalten – für Menschen, Tiere und Pflanzen?

Indem wir regional handeln, können wir diese Fragen beantworten.

Ein starkes Herz-Kreislauf-System und ein funktionierender Stoffwechsel sind sowohl in unserem Körper wie auch in einer Region Existenzgrundlage und Basis aller wichtigen Vorgänge. Sie sind die Voraussetzung, dass ein Organismus stark und lebendig in sich agieren und auch flexibel und widerstandsfähig nach außen wirken kann. Deshalb gehören die **Wiederbelebung und der Erhalt von regionalen Kreisläufen** für uns zu den wichtigsten Aufgaben, um die biologische wie auch regionale Vielfalt zu stärken und zu sichern.

Die Ökosysteme, die genetische Vielfalt und unsere Lebensräume sind heute vielfach geschwächt, teilweise bereits unwiederbringlich zerstört. Das Artensterben im Reich der Tiere und Pflanzen hat seine Spuren hinterlassen. Das Sterben der Betriebe in der bäuerlichen Landwirtschaft, in Handwerk und Handel sowie von Kultur und Tradition hat viele bislang lebendige Organ- und Stoffwechselsysteme innerhalb der Regionen zum Erliegen gebracht.

Für mich ist Regionalität Einstellungssache. Mehl, Butter, Eier, Joghurt und viele Rohstoffe mehr lassen sich in verschiedenster Qualität aus unterschiedlichster Herkunft beziehen. Ich habe mich ganz bewusst für höchste Qualität aus der Region entschieden, weil ich fest davon überzeugt bin, dass es so nur Gewinner geben kann. Und: Der Konsument spürt und fühlt die ehrliche und gute Qualität im Produkt!

Bäckermeister Julian Kasprowicz

Deshalb braucht es, um die **Stärkung der regionalen Wertschöpfungsketten** zu gewährleisten, neben unserer größten Aufmerksamkeit auch unsere mutigen Entscheidungen und Projekte. Doch vor allem braucht es unser regelmäßiges und konsequentes Handeln – parallel zu den globalen Wirtschaftsströmen.

Die bäuerliche Landwirtschaft, erzeugende Betriebe und Dienstleistende sowie Handel und Handwerk können dabei gerade im Lebensmittelbereich besonders aktive und wirksame Nährstoffe in und für die Region sein. Oft sind sie bereits über Generationen in diesem Stück Erde verwurzelt.

Sie können sich an wandelnde soziale und wirtschaftliche Strukturen flexibel anpassen, dabei alle Ressourcen vor Ort nutzen sowie nachhaltig und zukunftsführend einsetzen. Sie haben beste Voraussetzungen, um Traditionen wieder aufleben zu lassen und sie zu bewahren. Gleichzeitig haben sie das Potenzial, Innovation zu schaffen. Ihre Erzeugnisse und Dienstleistungen dienen der Erhaltung und Herausbildung von regionaler Identität, sichern Arbeits- und Ausbildungsplätze sowie Werte für die nachfolgenden Generationen.

Die unmittelbare Nachbarschaft zwischen Anbaugebieten, Handwerk, Betriebsstätten und Handel gibt Erzeugnissen ein Gesicht und Geschichten, schafft Einblick in die Abläufe und in den Lebenslauf eines Produkts. Diese Transparenz bei der Erzeugung und Verarbeitung von Produkten und Dienstleistungen bildet wertvolles Vertrauen und schafft die Voraussetzungen für Lebensmittelsicherheit.

Doch mit all diesen positiven Aspekten gehen auch Herausforderungen Hand in Hand. Dann, wenn es Lücken in den regionalen Wertschöpfungsketten gibt. Wenn die für ein regionales Erzeugnis erforderlichen handwerklichen Fähigkeiten und Gewerke nicht mehr zur Verfügung stehen und/oder die für den Produktionsablauf und die räumlichen Gegebenheiten benötigten Maschinen und Ersatzteile nicht mehr hergestellt werden. Dann sind Einfallsreichtum, handwerkliches und gesellschaftliches Geschick und oft auch die Improvisationskunst der Akteure gefragt.

Bei jeder Lösungsfindung, sowie bei der Umsetzung aller Maßnahmen, sind heute **Umweltverträglichkeit und Nachhaltigkeit** wesentlich zu berücksichtigen. Denn Umwelt- und Klimaschutz zählen aktuell zu unseren größten Herausforderungen – ganz persönlich, als Gesellschaft und für die Wirtschaft. Neben all den technischen Maßnahmen, die zu Schadstoffreduzierung und Ressourcenschonung gehören, liefern Verkehrsvermeidung und kurze Wege einen wertvollen Beitrag.

Kurze Wege bekommen auch als sozialer Wert ein besonderes Gewicht. Landwirte, Handwerker und andere weiterverarbeitende Betriebe können in einer Region untereinander schnell und direkt agieren. Die Nähe zwischen ihren Betrieben und ihren Kundinnen und Kunden macht eine kleinteilig strukturierte Nahversorgung möglich. Ein Effekt, der auch unter der Berücksichtigung unserer älter werdenden Gesellschaft für die Zukunft von großer Wichtigkeit ist.

Was von außen betrachtet selbstverständlich und schnell umsetzbar klingt, stellt jedoch sowohl in den Anfängen wie auch noch in der weiteren Umsetzung eine große Herausforderung für die regionale Erzeugung dar. Immer wieder gilt es, die geplanten Effekte und die wirklich erzielten Ergebnisse abzuwägen. Es heißt, den Markt konsequent und kontinuierlich weiter aufzubauen. Dabei bedeutet Weiterentwicklung manchmal auch den Weg des geringsten „Übels" zu wählen. Es gilt, notwendige Kurskorrekturen vorzunehmen und auch die Entscheidung, ein Erzeugnis bei anhaltender Unrentabilität einzustellen, im Blickfeld zu haben.

Bei der Rentabilität eines regionalen Produktes darf und kann die aktuell herrschende Prämisse der Gewinnmaximierung nicht das Maß aller Dinge sein. Hier sind die wahren Kosten die Basis der Kalkulation. Hier gilt es, alle Positionen zu berücksichtigen – von den fairen Löhnen für die Erzeuger und Dienstleister bis hin zum finanziellen Mehraufwand, den ökologisch und sozial verträglich erzeugte Produkte und Dienstleistungen wie auch kleinere Produktions- und Abnahmemengen in der Erzeugung und Ausstattung der Produkte bedingen. Faire Preise sind das Ergebnis ökologisch nachhaltiger Wertschöpfung.

Regionalität – das ist natürlich der Umweltgedanke – das ist doch vollkommen klar! Und weiter ist es so wichtig zu wissen, dass man nicht von der ganzen Welt abhängig ist, sondern sein Auskommen auch direkt vor der Haustüre hat. Das Produkt kommt einfach von da, wo man lebt.

Müller Martin Sonner

Vielleicht erscheinen uns die regionalen Produkte und Dienstleistungen als zu teuer. Dann ist uns noch zu wenig oder nicht bewusst, dass wir mit dem vermeintlich hohen Preis den wahren Preis bezahlen. Der wahre Preis für ein Produkt oder eine Dienstleistung hat immer alle Kosten in der Kalkulation und auf der Rechnung. Auch die Kosten, die zum Beispiel durch Umweltverschmutzung sowie durch die Schädigung und Vernichtung wertvoller Ressourcen – auch der „Ressource" Mensch! – entstehen. Wären diese Kosten auch bei den Artikeln und Dienstleistungen berücksichtigt, deren Preisgestaltung dem herrschenden Wirtschaftssystem unterworfen ist, wäre es das Ende der verführerisch günstigen Preise. Das Ergebnis wären auch hier deutlich höhere Preise.

Tatsache ist, dass die (Mehr-)Kosten, die wir aktuell in der Region für die Auswirkungen des globalen Wirtschaftens zahlen, zu einem Teil von den Kundinnen und Kunden übernommen werden, die regionale Erzeugnisse kaufen. Grundsätzlich wären diese Kosten von ihren Verursachern, den Playern des aktuell herrschenden Wirtschaftssystems, und durch die Preise ihrer Produkte zu tragen.

Das klingt unfair, ruft nach Gerechtigkeit und Veränderung. Vielleicht denken Sie zunächst sogar: Da mache ich nicht mit und kaufe keine regionalen Produkte! Doch verfolgen wir die politischen und wirtschaftlichen Entwicklungen im Großen, so wird schnell und deutlich klar: Wenn wir Veränderung bewirken wollen, dann braucht es vor allem unsere regelmäßigen kleinen Handlungen in und für die Region, die den Wandel bewirken. Nur Korn für Korn wird unser Tun zu einem Getreidefeld, zu weißem Gold und dann zu Brot.

Die Erzeugung und der Genuss von regionalen Lebensmitteln bieten uns für all diese Herausforderungen besonders wirksame und schmackhafte Antworten und Lösungen. Denn Ernährung geht uns alle an. Sie vereint Menschen jeden Geschlechts, aller Generationen, Kulturen und Gesellschaftsstufen – sowohl bei der Erzeugung wie auch bei der reinen Nahrungsaufnahme und im Genuss. Akteure aus den unterschiedlichsten Gewerken und Dienstleistungen sowie wir alle als Genießende agieren und konsumieren Hand in Hand, beleben die regionalen Kreisläufe und Wertschöpfungsketten und dienen so der Regeneration und dem Erhalt der Lebensgrundlagen.

In der Tier- und Pflanzenwelt können wir die wahren Auswirkungen der Schäden und Verluste auf die Ökosysteme und Lebensräume noch kaum überblicken. Noch immer wissen wir zu wenig über die komplexen Zusammenhänge in der Natur. In den Regionen sind Organ- und Kreislaufversagen deutlich sichtbar und spürbar. Hier wissen wir um die wahren Ursachen und Zusammenhänge.

Zerstörte und verloren gegangene Substanz und Funktionen sind nicht mehr oder nur noch innovativ zu ersetzen. Geschädigtes und Unterversorgtes kann durch die Gabe der entsprechenden Nährwerte wiederbelebt werden. Die genaue Analyse der aktuellen Situation, das Übernehmen der Verantwortung sowie die Bereitschaft, für eine heilsame Veränderung zu entscheiden und zu handeln, machen kreative und konsequente Lösungen möglich. Dieses außergewöhnliche Engagement kann regionale Kreisläufe wieder kraftvoll und wirksam in Schwung bringen.

Dafür brauchen wir regionale Lebensstile als Wirkstoffe. Wir brauchen mutige Menschen, die auf der einen Seite ein klares „Nein", auf der anderen Seite ein beherztes „Ja" sagen und dementsprechend konkret und konsequent handeln. Wer auf diese Art und Weise seinen regionalen Lebensstil vorlebt, wird – ob er will oder nicht – wahrgenommen und verändert die Sichtweise und Lebenseinstellung seiner Mitmenschen.

Er und sie schaffen neue Wirkmechanismen, die geschwächte Kreisläufe stärken und verloren gegangene Lebenssubstanz wiederaufbauen oder ergänzen können. Damit entwickelt sich durch die wachsende Sensibilität im Konsumieren die stärkste Gegenwirkung zur Globalisierung überhaupt. Denn im bewussten regionalen Handeln liegen die schmackhaften und nährstoffreichen Wirkstoffe, die das Kraftwerk der Region – wieder – antreiben. Für Menschen, Tiere und Pflanzen.

Ja, es braucht neben Interesse und Engagement auch den Mut, sich in die Tiefe der Materie zu begeben, ganz nahe an die Akteure und ihre Botschaft heranzurücken und dabei auch das eigene Leben im Spiegel zu betrachten. Was vor ein paar Jahrzehnten als Trend und als eine belächelte, kaum ernst genommene Idee begonnen hat, bietet uns heute die Gelegenheit, unser Leben in all seinen Facetten und in allen Bereichen wirkungsvoll und sinnstiftend zu hinterfragen, anders zu handeln und damit neu zu gestalten.

REGIONALITÄT WIRKT, SOBALD WIR DEN MUT HABEN, IN DER NÄHE DIE VIELFALT ZU ENTDECKEN UND AUCH ZU LEBEN.

DAFÜR BRAUCHT ES MUTIGE MENSCHEN, DIE IHR HERZENSANLIEGEN MIT DEN HÄNDEN UND AUF DER ZUNGE IN DIE REGION UND IN DIE WELT TRAGEN ...

Brot-Liebe

Meine Lieblings-Brotzeit: Frisches Brot mit buntem Frischkäse

250 g Frischkäse
Je 50 g Paprika rot und gelb, fein gewürfelt
1-2 Frühlingszwiebeln, fein geschnitten
1 EL Sauerrahm
Pfeffer und Salz
Petersilie, Schnittlauch und Radieserl

Alle Zutaten verrühren, abschmecken
und mit den Radieserl garnieren

Schmeckt super auf einem frischen Weilheim-Schongauer-Land-Brot!
Guten Appetit wünscht Hubert Pentenrieder

Mein Lieblings-Käsebrot

A Scheibe Brot mit Butter und belegt mit
Camembert und gehacktem Schnittlauch

An Guadn, Ihr Georg Lampl

Mein Lieblings-Frühstuck: ein Honigbrot

Eine Scheibe dick mit Butter und einem großen Löffel Blütenhonig bestrichen – alles aus der Region

Das ist das Erste, was ich in der Früh esse! Ihr Martin Sonner

Meine Lieblings-Backstuben-Brotzeit

Eine Scheibe Weilheim-Schongauer Land Brot kurz antoasten. Direkt auf das warme Brot etwas Butter, 3 Scheiben Tomaten und 2 Spiegeleier. Zum Schluss noch etwas Schnittlauch drüber

Oder ganz einfach:
Das Brot mit feiner Streichwurst bestreichen und dünn geschnittene Essiggurken drauf.

Mmmmhhhh – Ihr Julian Kasprowicz

Guten Appetit

NACHWORT

Regionale Erzeugnisse und Dienstleistungen haben Gesichter und erzählen Geschichten. So auch dieses Buch.

Seine Geschichte beginnt im Sommer 2016 in einem Gespräch zwischen Bäckermeister Julian Kasprowicz und mir: „Immer häufiger werde ich von meinen Kunden gefragt, ob das WEILHEIM-SCHONGAUER LAND Brot wirklich ein regionales Brot ist. Ich kann diese Frage zwar guten Gewissens mit „Ja" beantworten, doch es wäre schön, wenn ich dazu noch viel konkreter etwas sagen könnte." Im weiteren Verlauf des Gespräches planten wir deshalb einen ausführlichen Flyer: „Vom Korn zum Brot" – mit allen beteiligten Akteuren, an den Originalschauplätzen, schönen Fotos und detaillierten Texten.

Gut zwei Jahre später – nach sechs Fototerminen, knapp 2.000 Fotos und vielen Seiten Mitschriften – fiel dann der alles entscheidende Satz. Nach der Sichtung der ersten Fotoauswahl und Textentwürfe war es für UNSER LAND-Geschäftsführer Steffen Wilhelm klar: „Das wird doch kein Flyer! Das wird doch ein Buch!"

Ein Buch – zubereitet aus besten Rohstoffen und reich an Nährwerten. Wir haben mit allen Sinnen drei Handwerkswelten und regionale Kreisläufe entdeckt und erlebt. Wir haben voneinander Wissen und Herausforderungen erfragt, über Fingerfertigkeiten gestaunt und herzhaft gelacht. Und wir haben dabei etwas gemeinsam gebacken bekommen. Dieses Buch!

Im Namen des UNSER LAND-Netzwerks bedanke ich mich von Herzen für die anregende und verbindende Zusammenarbeit bei allen beteiligten Akteuren: bei den Landwirten Hubert und Dominik Pentenrieder und Georg Lampl, bei Müller Martin Sonner und Bäckermeister Julian Kasprowicz, bei Dr. Brigitte Honold, der ersten Vorsitzenden der WEILHEIM-SCHONGAUER LAND Solidargemeinschaft, und bei Grafikdesigner und Fotograf Jan-Elias Jakob.

Jetzt wünschen wir uns alle, dass die Samen unserer Begeisterung und Freude für unsere Handwerke, Erzeugnisse und für Regionalität bei Ihnen aufgehen. Dass wir Ihnen mit diesem Buch Einblicke geben konnten, was Regionalität bedeutet und bewirken kann. Und dass wir Ihnen damit auch Werkzeuge an die Hand geben, um Kleines wie auch Großes für sich selbst und für diese Welt zu bewegen. Möge dieses Buch für Sie ein paar Samenkörner bereithalten, die, einmal in Ihrem Leben ausgesät, aufgehen und geerntet werden können.

Ihre Isabella Maria Weiss

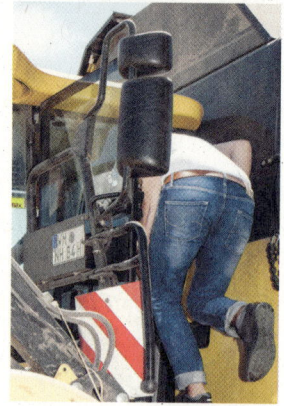

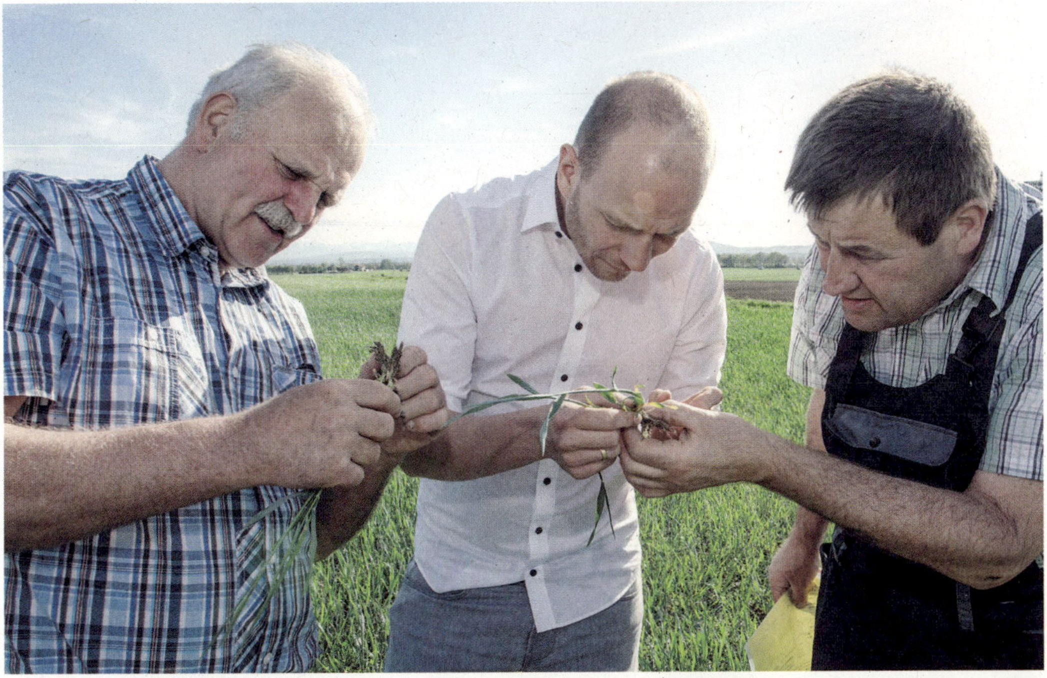

MIWEelectro

MIWEelectro

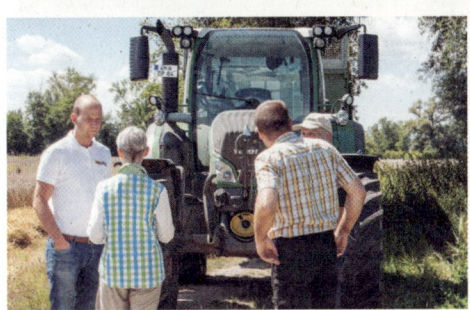

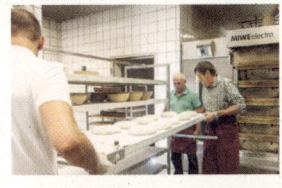

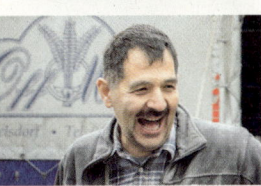

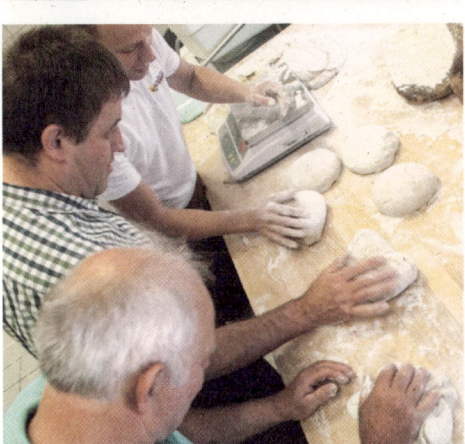

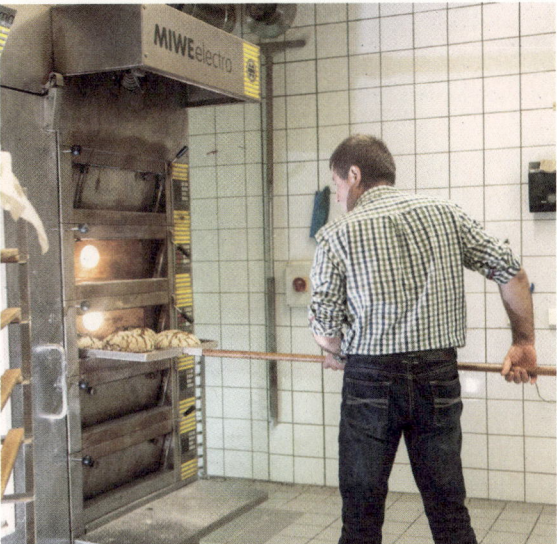